NÓS SOMOS
O CLIMA

**Jonathan
Safran Foer**

NÓS SOMOS
O CLIMA

Salvar o planeta
começa no café da manhã

Tradução de
Maíra Mendes Galvão

Título original
WE ARE THE WEATHER
Saving the Planet Begins at Breakfast

Copyright © 2019 *by* Jonathan Safran Foer
Todos os direitos reservados.

O direito moral do autor foi assegurado.

Agradecimentos são feitos a seguir pela autorização
de reproduzir material previamente publicado:
Excerto de "Learning How to Die in the Anthropocene",
by Roy Scranton, do *New York Times*. © 2013 The New York Times.
Todos os direitos reservados. Usado com autorização.
Excerto de "Raising My Child in a Doomed World",
Roy Scranton, do *New York Times*. © 2018 The New York Times.
Todos os direitos reservados. Usado com autorização.

Direitos para a língua portuguesa reservados
com exclusividade para o Brasil à
EDITORA ROCCO LTDA.
Rua Evaristo da Veiga, 65 – 11º andar
Passeio Corporate – Torre 1
20031-040 – Rio de Janeiro – RJ
Tel.: (21) 3525-2000 – Fax: (21) 3525-2001
rocco@rocco.com.br
www.rocco.com.br

Printed in Brazil/Impresso no Brasil

Preparação de originais
NATALIE DE ARAÚJO LIMA

CIP-Brasil. Catalogação na publicação.
Sindicato Nacional dos Editores de Livros, RJ.

F68n

Foer, Jonathan Safran
Nós somos o clima : salvar o planeta começa no café da manhã / Jonathan Safran Foer ; tradução Maíra Mendes Galvão. – 1. ed. – Rio de Janeiro : Rocco, 2020.

Tradução de: We are the weather : saving the planet begins at breakfast
ISBN 978-85-325-3171-1
ISBN 978-85-8122-793-1 (e-book)

1. Ciências ambientais – Aspectos sociais. 2. Agricultura sustentável – Ensaios. 3. Aquecimento global. 4. Sustentabilidade. I. Galvão, Maíra Mendes. II. Título.

20-62433

CDD: 363.7
CDU: 504

Meri Gleice Rodrigues de Souza – Bibliotecária CRB-7/6439

O texto deste livro obedece às normas do
Acordo Ortográfico da Língua Portuguesa.

Para Sasha e Cy, Sadie e Theo, Leo e Bea

Sumário

I. Inacreditável   9
II. Como Evitar a Grande Agonia   83
III. Única Casa   113
IV. Contenda com a Alma   155
V. Mais Vida   199

Apêndice: 14,5% ou 51%   243
Notas   249
Bibliografia   259
Agradecimentos   285

I. INACREDITÁVEL

O livro dos finais

A carta de suicídio mais antiga foi escrita no Egito[1] cerca de 4 mil anos atrás. Seu tradutor original a intitulou "Contenda com a alma de alguém que se cansou da vida". Na primeira linha lê-se:[2] "Abri a boca à minha alma para que pudesse responder o que ela diz." Ziguezagueando entre prosa, diálogo e poesia, o que se segue é o esforço de um indivíduo para persuadir a própria alma a consentir com o suicídio.

Tomei conhecimento dessa carta em *O livro dos finais*, uma compilação de fatos e anedotas que inclui os últimos desejos de Virgílio e Houdini; elegias para o pássaro dodô e para o eunuco; e explicações sobre registros fósseis, a cadeira elétrica e a obsolescência das coisas feitas por humanos. Eu não era uma criança particularmente mórbida, mas, por anos, carreguei aquele mórbido livro de bolso por aí.

O livro dos finais também me ensinou que, a cada vez que eu inspiro ar, inspiro também moléculas do último sopro de vida de Júlio César. Esse fato me deixou maravilhado — a compressão mágica do tempo e do espaço, a ponte entre o que parecia mito e a minha vidinha de varrer folhas no outono e jogar videogames primitivos em Washington, D.C.

As implicações disso eram quase inacreditáveis. Se eu tinha acabado de inspirar o último suspiro de César (*Et tu, Brute?*), então também, com certeza, tinha de ter inspirado o de Beethoven (*I will hear in heaven*), e o de Darwin (*I am not the least afraid to die*[3]). E o de Franklin Delano Roosevelt, e de Rosa Parks, e de Elvis, e dos peregrinos e indígenas da América do Norte que fizeram parte da primeira ceia de Ação de Graças, e do autor da primeira carta de suicídio, e até do avô que eu nunca conheci. Como não podia deixar de ser, enquanto descendente de sobreviventes, imaginei o último sopro de Hitler subindo pelos 3 metros do telhado de concreto do *Führerbunker*, em seguida por 9 metros de solo germânico, passando depois pelas rosas pisoteadas da Chancelaria do Reich, e então cortando o Fronte Ocidental, cruzando o Oceano Atlântico e viajando quarenta anos rumo à janela do segundo andar do meu quarto de infância, onde me inflaria como um balão de *mortiversário*.

E se eu havia engolido os *últimos* suspiros, também com certeza haveria engolido o *primeiro*, e todas as respirações entre os dois. E todas as respirações de todas as pessoas. E não só dos humanos, mas de todos os animais também: o esquilo da Mongólia que era da minha escola e morreu sob os cuidados da minha família, as galinhas ainda mornas que a minha avó havia depenado na Polônia, o último suspiro do último pombo-correio. A cada inspiração de ar, eu absorvia a história da vida e da morte na Terra. Essa ideia me ofereceu uma visão aérea da história: uma enorme teia tecida a partir de um fio. Quando a bota de Neil Armstrong tocou a superfície lunar e ele disse "Um pequeno passo para a humanidade...", ele lançou, através do policarbonato de seu visor, para um mundo sem som, moléculas de Arquimedes berrando "Eureka!", enquanto este corria nu pelas ruas da antiga Siracusa logo após descobrir que a água da banheira que transbordou enquanto tomava banho tinha o mesmo peso de seu corpo (Armstrong deixaria aquela bota na Lua como compensação pelo peso das rochas lunares que traria de volta).[4] Quando Alex, o papagaio cinza africano[5] que fora treinado para conversar no mesmo nível que um humano de cinco anos, proferiu suas últimas palavras

— "Comporte-se bem e até amanhã. Eu te amo." —, ele também expirou o arfar dos cães de trenó que puxaram Roald Amundsen pelas camadas de gelo que desde então já derreteram, libertando os gritos das bestas exóticas levadas ao Coliseu para serem abatidas por gladiadores. Que eu tinha um lugar nisso tudo — e que não havia escapatória a não ser ter lugar nisso tudo — foi o que eu achei mais impressionante.

O fim de César também foi um início: a autópsia dele foi uma das primeiras a serem documentadas, e é assim que sabemos que foi esfaqueado 23 vezes. Aquelas adagas de ferro já eram. A toga suja de sangue já era. A Cúria de Pompeia, onde ele foi assassinado, já era, e a metrópole onde se localizava existe somente em forma de ruínas. O Império Romano, que chegou a cobrir 5 milhões de quilômetros quadrados e abrigar mais de 20% da população do mundo, e cujo desaparecimento era tão inimaginável quanto o do próprio planeta, já era.[6]

É difícil pensar em um artefato da civilização mais efêmero do que a respiração. Mas é impossível pensar em algo que dure mais.

Apesar de eu ter tantas lembranças dele, *O livro dos finais* nunca existiu. Quando tentei confirmar sua existência, descobri, em vez dele, o *Panati's Extraordinary Endings of Practically Everything and Everybody*, publicado quando eu tinha 12 anos. Nele consta o Houdini, o registro fóssil e muitas outras coisas de que me lembrava, mas não o último sopro de César nem a "Contenda com a alma de alguém que se cansou da vida", que devo ter visto em algum outro lugar. Achei essas pequenas correções perturbadoras — não porque fossem importantes em si, mas porque minhas lembranças eram muito claras.

Fiquei ainda mais transtornado quando pesquisei sobre a primeira carta de suicídio e refleti sobre seu título — sobre o fato de que havia um título, para começo de conversa. O fato de termos lembranças erradas já incomoda, mas a possibilidade de que outras pessoas guardem lembranças erradas de nós é profundamente perturbadora. Continua sendo uma incógnita se o autor da primeira carta de suicídio de fato se matou. "Abri a boca à minha alma", diz ele no início. Mas a alma tem a última palavra, e suplica ao homem que "se agarre à vida". Não sabemos como ele reagiu. É totalmente possível que a contenda com a alma tenha terminado em favor da vida, adiando o último suspiro do autor. Talvez o confronto com a morte tenha gerado a mais sedutora defesa da sobrevivência. A coisa mais parecida com uma carta de suicídio é o seu contrário.

Sacrifício algum

Durante a Segunda Guerra Mundial, os cidadãos das cidades da Costa Leste americana apagavam as luzes ao cair da tarde. Eles mesmos não corriam qualquer perigo iminente; o motivo do blecaute era impedir que submarinos alemães usassem a iluminação urbana para identificar e destruir navios saindo do porto.[7]

Na medida em que a guerra se desenrolava, outras cidades pelo país aderiram aos blecautes, até mesmo aquelas distantes da costa. A ideia era que a população ficasse imersa em um conflito cujos horrores estavam longe dos olhos, mas com a perspectiva de uma vitória que dependia da ação coletiva.

Em suas bases domésticas, os cidadãos precisavam ser lembrados de que a vida como conheciam poderia ser aniquilada e que a escuridão era uma maneira de iluminar a ameaça. Pilotos da Patrulha Civil eram incentivados a varrer o céu do Centro-Oeste americano em busca de aeronaves inimigas apesar do fato de que nenhum avião de guerra alemão na época tinha a capacidade de voar tal distância. A solidariedade era um bem importante, mesmo levando em conta que essas ações teriam sido insensatas — ou mesmo suicidas — se fossem os únicos esforços despendidos.

A Segunda Guerra Mundial não teria sido ganha sem as ações domésticas que tinham impacto tanto psicológico quanto tangível: pessoas comuns unidas para apoiar uma causa maior. Durante a guerra, a produtividade industrial cresceu em 96%. Construía-se em questão de semanas um cargueiro Classe Liberty que, no início da guerra, levava oito meses para ficar pronto. O SS *Robert E. Peary*[8] — um navio categoria Liberty composto de 250 mil partes pesando mais de 6 mil toneladas — foi montado em quatro dias e meio. Em 1942, empresas que antes produziam carros, refrigeradores, móveis de metal para escritório e máquinas de lavar agora fabricavam produtos militares. Fábricas de lingerie começaram a fazer redes de camuflagem,[9] calculadoras mecânicas renasceram como armas de fogo e os sacos de aspirador de pó, parecidos com pulmões, eram transplantados para máscaras de gás. Aposentados, mulheres e estudantes[10] entraram para a força de trabalho — muitos estados modificaram suas leis trabalhistas para permitir que adolescentes trabalhassem. Matérias-primas do dia a dia, como borracha, latas, folhas de alumínio e madeira, eram coletadas para reutilização nos esforços de guerra. Os estúdios de Hollywood contribuíam produzindo noticiários, filmes antifascistas e desenhos animados patrióticos. As celebridades incentivavam as pessoas a investir em títulos bancários de guerra, e algumas, como Julia Child, se tornaram espiãs.[11]

O Congresso expandiu a base tributária, diminuindo a renda mínima tributável e reduzindo isenções pessoais e deduções. Em 1940, 10% dos trabalhadores americanos pagaram o imposto de renda federal. Em 1944, o número se aproximava de 100%. As taxas marginais máximas foram a 94%, enquanto o salário que se encaixava nessa faixa foi reduzido em 25 vezes.[12]

O governo decretou — e os americanos aceitaram — controles de preço em produtos como náilon, bicicletas, sapatos, lenha, seda e carvão. A gasolina passou a ser altamente regulada,[13] e o limite de velocidade de 56 km/h foi imposto nacionalmente para reduzir o consumo de gás e látex. Cartazes do governo americano[14] incentivando caronas declaravam: "Quando você dirige sozinho, está dirigindo com Hitler!"

Fazendeiros — em quantidades extremamente reduzidas e com menos equipamento — multiplicaram sua produção e não-fazendeiros plantaram "hortas da vitória", microplantações em quintais e terrenos baldios. A comida era racionada, especialmente itens essenciais como açúcar, café e manteiga.[15] Em 1942, o governo lançou uma campanha chamada "Compartilhe a Carne", conclamando todos os cidadãos adultos americanos a limitar seu consumo semanal de carne a pouco mais de 1 quilo. No Reino Unido, as pessoas estavam consumindo cerca de metade dessa quantidade[16] (essa ação coletiva de apertar os cintos levou a uma melhoria geral na saúde).[17]

Em julho de 1942, a Disney produziu um curta-metragem animado para o Departamento de Agricultura dos Estados Unidos chamado *A comida vai ganhar a guerra*. O filme exaltava a agricultura como uma questão de segurança nacional. Os Estados Unidos tinham duas vezes mais agricultores do que o Eixo tinha soldados. "Suas armas são a *Panzer waffe* da linha de batalha alimentar, o maquinário agrícola: batalhões de colheitadeiras; regimentos de caminhões; divisões de selecionadores de milho, arrancadeiras de batatas, máquinas plantadeiras; colunas de ordenhadeiras mecânicas."[18]

Na noite de 28 de abril de 1942, cinco meses depois do bombardeio de Pearl Harbor e em plena campanha americana na Europa, milhões de americanos se reuniram em torno dos aparelhos de rádio para ouvir a Conversa à Lareira do Presidente Roosevelt, na qual ele dava notícias sobre a situação da guerra e falava sobre os próximos desafios, incluindo o papel dos cidadãos:

Nem todos entre nós podem ter o privilégio de lutar contra nossos inimigos em terras longínquas. Nem todos entre nós podem ter o privilégio de trabalhar em fábricas de munição ou estaleiros navais, ou nas fazendas ou em minas ou campos de petróleo, produzindo as armas ou a matéria-prima necessárias para as nossas forças armadas. Mas há um *front* e uma batalha em que todos nos Estados Unidos — cada homem, mulher e criança — são soldados, e terão o privilégio de permanecer lutando durante esta guerra. Esse *front* está aqui mesmo em nossa casa, em nossa vida cotidiana e em nossas tarefas diárias. Aqui em nossa casa todos terão o privilégio de fazer as renúncias pessoais que forem necessárias, não somente para abastecer nossos soldados, mas para manter a estrutura econômica de nosso país fortificada e segura durante a guerra e depois da guerra. Isso exige, é claro, que se abandone não somente qualquer luxo, mas muitos outros confortos. Todo americano leal tem consciência dessa responsabilidade individual. [...] Como disse ao Congresso ontem, "sacrifício" não é exatamente a palavra adequada para descrever esse programa de renúncia pessoal. Quando, ao final dessa grande luta, tivermos preservado a liberdade característica de nosso modo de vida, não teremos feito "sacrifício" algum.[19]

É um fardo pesado ser obrigado a dar 94% de sua renda ao governo. É um desafio significativo ter seus alimentos essenciais racionados. É uma inconveniência frustrante não poder dirigir mais rápido do que 56 km/h. É meio irritante ter de apagar as luzes à noite.

Apesar da percepção de muitos americanos da guerra como algo que acontecia *lá longe*, parece razoável pedir um pouco de escuridão para cidadãos que estavam, afinal de contas, a salvo e seguros *aqui*. O que diríamos de uma pessoa que, em meio a uma grande batalha não só para salvar milhões de vidas, mas também *a liberdade característica de nosso modo de vida*, considerasse apagar as luzes um sacrifício grande demais?

É claro, não seria possível vencer a guerra *somente* por causa dessa ação coletiva — a vitória exigiu 16 milhões de americanos servindo nas Forças Armadas, mais de 4 trilhões de dólares[20] e as Forças Armadas de mais de uma dúzia de outros países. Mas imagine se não fosse possível vencer a guerra sem essa ação. Imagine se, para impedir que bandeiras nazistas fossem hasteadas em Londres, Moscou e Washington, D.C., fosse preciso apagar as luzes toda noite. Imagine se não tivesse sido possível salvar os 10 milhões e meio de judeus do mundo[21] sem essas horas de escuridão. Como, nesse caso, enxergaríamos a renúncia pessoal praticada pelos cidadãos?

Não teremos feito "sacrifício" algum.

Não é uma boa história

Em 2 de março de 1955, uma mulher afroamericana subiu em um ônibus em Montgomery, no estado do Alabama, e se recusou a ceder seu assento a um passageiro branco. Qualquer criança americana poderia interpretar esse episódio com emoção, da mesma forma como, com certeza, poderia recriar o primeiro banquete de Ação de Graças (sabendo o que ele significa) e vestir uma cartola de papelão para recitar o Discurso de Gettysburg (sabendo o que significa).

Você provavelmente acha que sabe o nome dessa primeira mulher que se recusou a ir para o fundo do ônibus, mas provavelmente não sabe (eu não sabia até pouco tempo atrás). E isso não é coincidência nem acidente. Até certo ponto, o triunfo do movimento de direitos civis exigiu que se esquecesse de Claudette Colvin.

*

A principal ameaça à vida humana[22] — o surgimento emergente e concomitante de supertempestades cada vez mais fortes e o aumento do nível do mar, secas mais fortes e diminuição de mananciais, zonas mortas oceânicas cada vez maiores, infestações gigantescas de insetos nocivos e o desaparecimento diário de florestas e espécies —

não é, para a maioria das pessoas, uma boa história. Embora a crise planetária tenha a ver com todos nós, ela se parece muito com uma guerra acontecendo *lá longe*. Temos consciência de seus riscos existenciais e sua urgência, mas, mesmo *sabendo* que está acontecendo uma guerra por nossa sobrevivência, não nos sentimos imersos nela. Essa distância entre consciência e sensação pode dificultar que até mesmo pessoas ponderadas e engajadas politicamente — pessoas que *querem* agir — tomem uma atitude.

Quando os bombardeiros estão sobrevoando, como estavam em Londres na época da guerra, é evidente que você vai apagar todas as luzes. Quando o bombardeio acontece no litoral, não é nada evidente, mesmo que o perigo seja, no fim das contas, tão grande quanto. E quando o bombardeio acontece do outro lado do oceano, pode ser difícil até de acreditar na existência dele, ainda que você saiba que está acontecendo. Se não tomarmos uma atitude até conseguirmos sentir a crise que curiosamente chamamos de "ambiental" — como se a destruição de nosso planeta fosse nada mais do que um contexto — todos vão estar se comprometendo a resolver um problema que não tem mais solução.

Para agravar esse contexto de *lá longe* da crise planetária, há uma fadiga da imaginação. É exaustivo contemplar a complexidade e a escala das ameaças que enfrentamos. Sabemos que a mudança climática[23] tem a ver com poluição, alguma coisa com gás carbônico, temperatura do oceano, florestas tropicais, calotas de gelo... mas a maioria de nós teria dificuldade de explicar como nosso comportamento individual e coletivo está aumentando ventos de furacão em quase 50 km/h ou contribuindo com um vórtice polar[24] que torna Chicago mais fria do que a Antártida. E temos dificuldade[25] de lembrar do quanto o mundo já mudou: sequer reagimos a propostas como a construção de uma muralha marítima de 16 quilômetros em torno de Manhattan, aceitamos prêmios de seguro mais altos e agora vemos eventos climáticos extremos — incêndios florestais se aproximando de metrópoles, "enchentes de mil anos" acontecendo a cada ano, recordes de mortes causadas por ondas de calor cada vez maiores — como simplesmente sendo clima.

Além de não ser uma história fácil de contar, a crise planetária não se mostrou uma *boa* história. Ela não somente é incapaz de nos converter, mas também não consegue despertar nosso interesse. Cativar e transformar as pessoas são as ambições mais fundamentais do ativismo e da arte, e é por isso que a mudança climática, enquanto tema, se dá tão mal nessas searas. É muito revelador que o destino de nosso planeta ocupe um lugar ainda menor na literatura do que na boca do público geral de cultura, apesar de a maioria dos escritores acreditarem que têm sensibilidade especial para as verdades sub-representadas do mundo. Talvez os escritores também tenham sensibilidade especial para os tipos de histórias que "funcionam". As histórias que permanecem em nossa cultura — contos populares, textos religiosos, mitos, certas passagens da História — têm tramas unificadas, ações sensacionais entre vilões e heróis claramente identificados e conclusões morais. Daí, o instinto de apresentar a mudança climática — quando é representada — como um evento dramático, apocalíptico, que acontece no futuro (em vez de um processo variável e incremental que acontece ao longo do tempo), e de pintar a indústria dos combustíveis fósseis como agente de destruição (em vez de como um dos muitos agentes a que precisamos dar atenção). A crise planetária — abstrata e eclética como ela é, lenta como ela é, e sem personagens e momentos icônicos — parece impossível de ser descrita de uma forma que seja tanto verdadeira quanto envolvente.

*

Claudette Colvin[26] foi a primeira mulher a ser presa por se recusar a trocar de assento no ônibus em Montgomery. Rosa Parks, o nome que a maioria de nós conhecemos, só surgiria dali a nove meses. E quando chegou o momento de Parks resistir à segregação no transporte público, ela não era, como diz a história, simplesmente uma costureira exausta voltando para casa depois de um dia longo. Ela era uma ativista dos direitos civis (e secretária do escritório local da NAACP — Associação Nacional para o Progresso de Pessoas de Cor) que havia participado de oficinas sobre justiça social, almoçado com advogados influentes e ajudado a criar estratégias para o movimento. Parks tinha 42 anos, era casada e vinha de uma família respeitada. Colvin tinha 15 anos, estava grávida de um homem mais velho e casado e vinha de uma família pobre. Os líderes do movimento de direitos civis — incluindo a própria Rosa Parks — consideravam a biografia de Colvin imperfeita demais e seu caráter volátil demais para ela ser heroína de um movimento que estava nascendo. Não daria uma história boa o suficiente.

Será que o cristianismo teria se propagado se, em vez de ser crucificado, Jesus tivesse sido afogado em uma banheira? O diário de Anne Frank teria sido lido por tantas pessoas se ela fosse um homem de meia-idade escondido atrás de uma despensa em vez de uma moça de beleza perturbadora escondida atrás de uma estante de livros? Até que ponto o curso da história foi influenciado pela cartola alta de Lincoln, pela tanga de Gandhi, o bigode de Hitler, a orelha de Van Gogh, a cadência da fala de Martin Luther King, o fato de que as Torres Gêmeas eram os prédios mais facilmente desenhados do planeta?

A história de Rosa Parks é, ao mesmo tempo, um episódio verdadeiro da história e uma fábula criada para fazer história. Assim como as fotografias icônicas[27] dos soldados levantando a bandeira em Iwo Jima, o casal se beijando em *Le baiser de l'hôtel de ville*, de Robert Doisneau e o leiteiro passando pelos escombros de uma Londres bombardeada, a foto de Rosa Parks[28] no ônibus foi encenada. Quem está sentado atrás dela é um jornalista simpático à causa, e não um segregacionista incomodado. E, como ela admitiu mais tarde,[29] o que aconteceu não foi tão simples — e nem tão memorável — quanto terem mandado uma mulher cansada se sentar na parte de trás do ônibus. Mas ela protagonizou a versão mais inspiradora dos eventos porque entendia o poder da narrativa. Parks foi corajosa ao aceitar o papel de heroína de sua história, mas, mais do que isso, foi de fato heroica por ter sido uma das autoras.

A História não gera apenas uma boa história narrativa quando se olha para trás; boas histórias *se tornam* História. No que diz respeito ao destino de nosso planeta — que também é o destino de nossa espécie — esse é um problema profundo. Como disse o biólogo marinho e diretor Randy Olson, "O clima é possivelmente *o* assunto mais entediante que o mundo da ciência já teve de apresentar ao público."[30] A maioria das tentativas de criar narrativas sobre a crise são ou ficção científica ou vistas como mera ficção científica. Existem pouquíssimas versões da história da mudança climática que alunos de jardim de infância poderiam recriar, e não existe versão alguma que arrancaria lágrimas de seus pais. Parece fundamentalmente impossível tirar a catástrofe *lá de longe*, onde é por nós contemplada, e trazê-la para *cá perto* de nossos corações. Como Amitav Ghosh disse em seu livro *The Great Derangement*: "A crise do clima é também uma crise da cultura, e portanto, da imaginação."[31] Eu a chamaria de crise de convicção.

Ter juízo, prejuízo

Em 1942, um católico de 24 anos da resistência polonesa, Jan Karski, embarcou em uma missão: viajar da Polônia ocupada pelo nazismo a Londres, com os Estados Unidos como destino final, para informar os líderes mundiais sobre o que os alemães estavam perpetrando. Antes da jornada, ele se encontrou com vários grupos da resistência e recolheu informações e testemunhos para levar ao Ocidente. Em suas memórias, Karski relata um encontro com o líder da Aliança Socialista Judaica:

> O líder do Bund se aproximou em silêncio. Ele segurou meu braço com tanta violência que doeu. Olhei bem em seus olhos ferozes, que me encaravam, com admiração e emocionado ao enxergar neles uma dor profunda e insuportável.
> "Diga aos líderes judeus que não se trata de política ou tática. Diga a eles que é preciso abalar as fundações da Terra, o mundo tem de se insurgir. Talvez assim o mundo vá acordar, entender, perceber. Diga a eles que precisam encontrar forças e coragem para fazer sacrifícios que nenhum outro estadista jamais teve de fazer, sacrifícios tão dolorosos quanto o destino do meu povo à beira da morte, e tão específicos quanto. É isso

o que eles não entendem. Os objetivos e métodos alemães não têm precedentes na História. As democracias precisam reagir de maneira também sem precedentes, escolher como resposta métodos ainda desconhecidos.

"Você me pergunta qual é a minha sugestão de plano de ação aos líderes judeus. Diga a eles para procurar todos os gabinetes e agências importantes da Inglaterra e dos Estados Unidos. Diga a eles para não irem embora sem garantias de que uma maneira de salvar os judeus será posta em prática. Deixe que fiquem sem comida nem bebida, que morram uma morte lenta enquanto o mundo assiste. Deixe que morram. Isso talvez sacuda a consciência do mundo."[32]

Depois de sobreviver a uma jornada tão perigosa quanto se poderia imaginar, Karski chegou em Washington, D.C. em junho de 1943. Lá, ele se encontrou com o juiz do Supremo Tribunal de Justiça Felix Frankfurter, um dos grandes pensadores do direito da história dos Estados Unidos, ele próprio judeu. Depois de ouvir os relatos de Karski sobre a evacuação do gueto de Varsóvia e dos extermínios nos campos de concentração, depois de fazer uma série de perguntas cada vez mais específicas ("Qual é a altura do muro que separa o gueto do resto da cidade?"), Frankfurter pôs-se a andar pelo recinto em silêncio, até que se sentou e disse: "Sr. Karski, um homem como eu conversando com um homem com você tem de ser totalmente franco. Então preciso dizer que não consigo acreditar no que você me contou." Quando o colega de Karski implorou a Frankfurter que aceitasse o relato, Frankfurter respondeu: "Eu não disse que este rapaz está mentindo. Eu disse que não consigo acreditar nele. Minha cabeça, meu coração, o próprio funcionamento deles não me deixa aceitar isso."

Frankfurter não questionou a veracidade da história de Karski. Ele não pôs em dúvida que os alemães estivessem sistematicamente assassinando os judeus da Europa — seus próprios parentes. E ele não respondeu que, embora estivesse convencido e horrorizado, não havia nada que pudesse fazer. Ao invés disso, admitiu não somente sua incapacidade de *acreditar* na verdade, mas também estar ciente dessa incapacidade. A consciência de Frankfurter não se abalou.

Nossas mentes e nossos corações são bem projetados para desempenhar certas tarefas e mal projetados para outras. Somos bons em coisas como calcular a trajetória de um furacão, e ruins em coisas como decidir ficar longe dele. Como evoluímos ao longo de centenas de milhões de anos, em cenários que lembram muito pouco o mundo moderno, frequentemente somos levados a ter necessidades, medos e indiferenças que sequer correspondem ou respondem às realidades modernas. Nos sentimos desproporcionalmente atraídos por necessidades imediatas e locais — temos desejo de comer gorduras e açúcares (que fazem mal para pessoas que vivem em um mundo onde essas coisas estão sempre disponíveis), vigiamos nossos filhos nos parquinhos de forma exagerada (apesar de ignorarmos certos riscos muito maiores à integridade deles, como o excesso de alimentos com gorduras e açúcar) — ao mesmo tempo em que permanecemos indiferentes àquilo que é letal mas está *lá longe*.

Em um estudo recente, o psicólogo da UCLA Hal Hershfield[33] descobriu que, quando os participantes tinham de descrever seus eus futuros — mesmo se fosse um futuro dali a dez anos —, as imagens de sua atividade cerebral na ressonância magnética se aproximavam mais daquelas que apareciam ao descreverem desconhecidos do que das que surgiam ao descreverem a si mesmos no presente. Quando os participantes viam imagens de si alteradas para parecer que estavam mais velhos, no entanto, essa disparidade mudava, assim como seu comportamento. Pediu-se a eles que distribuíssem mil dólares por quatro opções — um presente para um ente querido, um evento divertido, uma conta corrente e um fundo de aposentadoria — e os participantes que viram fotos de si envelhecidas digitalmente colocaram quase duas vezes mais dinheiro em seus fundos de aposentadoria do que os que não viram.

Já foi amplamente demonstrado[34] que estímulos vívidos aumentam a resposta emocional das pessoas. Pesquisadores descreveram uma série de "tendências à empatia"[35] causadas por preocupação: o efeito da vítima identificável (a capacidade de visualizar os detalhes do sofrimento), o efeito de grupo (a sugestão de proximidade social dos que sofrem), e o efeito de simpatia dependente da referência (a condição da vítima sendo apresentada não somente como horrorosa, mas cada vez pior). Um grupo de pesquisadores fez uma experiência de angariar fundos via mala direta junto a cerca de 200 mil potenciais doadores. Se a correspondência mencionava o nome do indivíduo a receber a doação em vez de um grupo sem nome, as doações aumentavam em 110%. Se o doador e o alvo da doação pertenciam à mesma religião, as doações aumentavam em 55%. Se o nível de pobreza da pessoa que receberia a doação fosse apresentado como algo novo em vez de crônico, as doações aumentavam em 33%. A combinação de todas essas táticas levou a um aumento de 300% nas doações.[36]

O problema da crise planetária é que ela confronta uma série de "tendências à apatia" inatas. Embora muitas das calamidades que acompanham a mudança climática — eventos climáticos extremos, enchentes e incêndios ambientais, e principalmente deslocamentos por escassez de recursos — sejam vívidas, pessoais, e indiquem uma situação que tende a piorar, elas não são entendidas dessa forma quando agregadas. Parecem abstratas, distantes e isoladas[37] em vez de serem vistas como pilares de uma narrativa cada vez mais forte. Como disse o jornalista Oliver Burkeman no *Guardian*,[38] "Se um cabal de psicólogos do mal tivesse se reunido em uma base submarina secreta para planejar uma crise que a humanidade não tivesse condição alguma de enfrentar, não conseguiriam fazer algo tão eficiente quanto a mudança climática".

Os chamados negacionistas da mudança climática[39] rejeitam a conclusão a que 97% dos cientistas chegaram: o planeta está em aquecimento por causa de atividades humanas. Mas e quanto àqueles entre nós que dizem que aceitam a realidade da mudança climática causada pelo homem? Podemos até não pensar que os cientistas estão mentindo, mas estamos convictos daquilo que estão dizendo? Essa convicção certamente nos acordaria para o imperativo ético urgente atrelado a ela, abalaria nossa consciência coletiva e nos tornaria dispostos a fazer pequenos sacrifícios no presente para evitar sacrifícios cataclísmicos no futuro.

Aceitar intelectualmente uma verdade não é uma virtude por si só. E não vai nos salvar. Quando era criança, sempre me diziam "tem juízo, mas dá prejuízo" quando eu fazia algo que não devia. *Ter juízo*, ou seja, saber o que estava fazendo, fazia a diferença entre um erro e uma ofensa.

Se aceitamos uma realidade factual (de que estamos destruindo o planeta), mas somos incapazes de *acreditar* nela, causamos tanto prejuízo quanto os que negam a existência da mudança climática causada pelo homem — a falta de atitude de Felix Frankfurter causa tanto prejuízo quanto a dos que negaram a existência do Holocausto. E quando o futuro distinguir entre esses dois tipos de negacionismo, qual será visto como um erro grave e qual será visto como um crime imperdoável?

Be leaving, believing, be living

Um ano depois da jornada de Karski, que saiu da Polônia para informar o mundo que os judeus da Europa estavam sendo massacrados, minha avó fugiu de sua vila polonesa para salvar a própria vida. Ela deixou para trás quatro avós, a mãe, dois irmãos, primos e amigos. Ela tinha vinte anos e sabia somente o que todo mundo sabia: que os nazistas estavam avançando a leste em direção à Polônia ocupada pelos soviéticos e que chegariam em questão de dias. Quando lhe perguntavam por que ela fugiu, ela dizia: "Senti que tinha de fazer alguma coisa."

Minha bisavó, que seria fuzilada à beira de uma cova coletiva com sua enteada no colo, observou minha avó fazendo as malas. Elas não disseram coisa alguma. Aquele silêncio foi o último diálogo entre as duas. Ela não tinha menos informações do que a filha, mas não sentiu que tinha de fazer alguma coisa. As informações eram simplesmente informações.

A irmã mais nova da minha avó, que seria fuzilada tentando trocar um bibelô por algo para comer, correu atrás dela naquele dia. Tirou o único par de sapatos que tinha e deu à minha avó. "Você tem muita sorte de ir embora" [*be leaving*], ela disse. Me contaram essa história muitas vezes. Quando era criança, eu ouvia "Você tem muita sorte de acreditar" [*believing*].

Talvez seja só uma questão de sorte. Se na época em que minha avó fugiu alguns fatores tivessem sido diferentes— se ela estivesse doente ou apaixonada por alguém —, talvez não tivesse tido a sorte de ir embora. Aqueles que ficaram não eram menos corajosos, inteligentes, habilidosos e nem tinham menos medo de morrer. Eles simplesmente não acreditavam que o que estava por vir seria tão diferente daquilo que já tinha vindo tantas vezes. Não é possível materializar crenças somente pela força de vontade. E não é possível forçar ninguém a acreditar, nem mesmo com argumentos melhores, mais virtuosos e aumentando a voz, nem mesmo com provas irrefutáveis. Como o cineasta Claude Lanzmann disse em seu prólogo falado a *The Karski Report*, um documentário sobre a visita de Karski aos Estados Unidos:

> O que é conhecimento? O que informações sobre algo horrível, um horror jamais visto, podem significar para o cérebro humano, que é despreparado para recebê-las porque falam de um crime sem precedentes na história da humanidade? [...] Perguntaram a Raymond Aron, que havia fugido para Londres, se ele sabia o que estava acontecendo naquela época no Oriente. Ele respondeu: eu sabia, mas não acreditava, e, como não acreditava, não sabia.[40]

Eu às vezes fantasio que estou indo de porta em porta no *shtetl* da minha avó, pondo minhas mãos no rosto daqueles que ficariam e gritando: "Você precisa fazer alguma coisa!" Tenho essa fantasia dentro de uma casa que eu *sei* que consome várias vezes a parte que me cabe de energia e que eu *sei* que é um exemplo do estilo de vida voraz que eu *sei* que está destruindo nosso planeta. Consigo imaginar um dos meus descendentes fantasiando com me pegar pelo rosto e gritar: "Você precisa fazer alguma coisa!" Mas não consigo ter a crença que me motivaria a fazer alguma coisa. Então, não sei de nada.

Outro dia de manhã, no caminho para a escola, no carro, meu filho emergiu do livro que estava lendo e disse: "A gente tem muita sorte de estar vivendo" [*be living*].

Um naco de sabedoria que eu não tenho: como conciliar minha gratidão pela vida com um comportamento que sugere que sou indiferente a ela?

A minha avó levou o casaco de inverno quando fugiu de casa, embora fosse junho.

Histérica

Em uma noite de verão em 2006, Kyle Holtrust, de 18 anos, estava andando de bicicleta na direção contrária aos carros na parte leste de Tucson, quando um Chevrolet Camaro o atingiu e arrastou embaixo do carro por quase 10 metros. Uma testemunha que estava em um caminhão nos arredores, Thomas Boyle Jr., pulou do banco do passageiro e correu para ajudar. Cheio de adrenalina, ele segurou o chassi do Camaro e levantou sua parte dianteira, mantendo o carro suspenso por 45 segundos enquanto tiravam Holtrust dali. Ao explicar por que fez o que fez,[41] Boyle disse: "Eu seria um ser humano horrível se visse alguém sofrer daquele jeito e sequer tentasse ajudar [...] A única coisa que passou pela minha cabeça foi: e se fosse meu filho?" Ele sentiu que precisava fazer alguma coisa.

Mas quando lhe perguntaram *como* ele fez aquilo, ele ficou sem saber o que dizer: "Eu nunca conseguiria levantar aquele carro agora, neste momento." O recorde mundial de levantamento de peso livre é de 499,8 quilos. O Camaro pesa entre 1,3 e 1,8 toneladas. Boyle, que não era halterofilista,[42] viveu um exemplo daquilo que se chama de "força histérica" — uma façanha física desempenhada em situações de vida ou morte que extrapola o que normalmente se considera possível.

Uma pessoa incrível tirou o carro de cima do corpo de Holtrust, mas foram muitas as pessoas que desviaram o carro para o acostamento para que a ambulância pudesse chegar mais rápido. Eles foram tão importantes quanto Boyle para salvar a vida do rapaz, mas não vemos suas ações como excepcionais. Erguer um carro no ar é o máximo que alguém pode fazer. Desviar o carro para o acostamento quando aparece uma ambulância é o mínimo que alguém pode fazer. A vida de Kyle dependia das duas coisas.

Quando eu estava na escola primária, policiais e bombeiros faziam apresentações todo ano com a intenção de inspirar consciência cívica e senso de responsabilidade nos alunos, além de ensinar o que fazer em situações de perigo. Me lembro de um bombeiro que disse que toda vez que víssemos uma ambulância, deveríamos imaginar que alguém que amamos está nela. Que pensamento horroroso para plantar na cabeça de uma criança! Principalmente porque ele não faz a conexão correta. Não é porque talvez alguém que amamos esteja na ambulância que abrimos caminho. E nem porque é lei. Fazemos isso porque *é isso que se faz*. Abrir caminho para ambulâncias é uma dessas normas sociais — como fazer fila e colocar o lixo na lixeira — tão entranhadas em nossa cultura que nem prestamos atenção nelas.

As normas podem mudar, e podem ser ignoradas. Em Moscou, no início da década de 2010,[43] houve uma febre de "táxis-ambulância" — vans fantasiadas de veículos de emergência do lado de fora, mas com interiores luxuosos, que eram alugadas por mais de duzentos dólares por hora com o propósito de driblar o famoso trânsito infernal da cidade. É difícil imaginar que qualquer pessoa que não esteja dentro de um carro desses ache que tudo bem eles existirem. Eles são uma afronta — não porque tiram vantagem de nós enquanto indivíduos (a maioria de nós nunca vai ser ultrapassado por um desses), mas porque violam nossa disponibilidade para fazer sacrifícios pelo bem coletivo. Eles abusam dos nossos melhores impulsos. Blecautes nos territórios de nações em guerra deram vazão a saques durante a Segunda Guerra Mundial e o racionamento de alimentos levou a falsificações e roubo. Em Londres, quando uma casa noturna em Piccadilly sofreu um ataque direto da Luftwaffe,[44] a equipe de resgate teve de impedir as pessoas que tentavam roubar joias dos mortos.

Mas esses são exemplos extremos. Quase sempre, nossas convenções e as identidades que elas formam são sutis a ponto de serem invisíveis. Claro, não saímos por aí dirigindo ambulâncias falsas, mas muitos aspectos de como vivemos vão parecer tão ruins quanto (e até muito piores) para nossos descendentes. Escreve-se a palavra "ambulância" ao contrário nas carrocerias das ambulâncias para que sejam lidas pelos espelhos retrovisores dos carros que estão à frente. Poderia se dizer que a palavra é escrita dessa forma com vistas ao futuro — para os carros que estão mais à frente na pista. Da mesma forma que uma pessoa que está dentro de uma ambulância não consegue enxergar a palavra "ambulância", nós também não conseguimos ler a história que estamos criando: ela é escrita ao contrário, para ser lida em um espelho retrovisor pelos que ainda não nasceram.

A palavra "emergência" deriva do latim *emergere*, que significa "surgir, trazer à luz".

A palavra "apocalipse" deriva do grego *apokalyptein*, que significa "descobrir, revelar".

A palavra "crise" deriva do grego *krisis*, que significa "decisão".

Codificado em nossa linguagem está o entendimento de que desastres tendem a expor coisas que antes estavam escondidas. Na medida em que a crise planetária se desdobra como uma série de situações de emergência, nossas decisões revelarão quem somos.

Desafios diferentes pedem, e inspiram, reações diferentes. A sensação de pânico é uma reação adequada quando há uma pessoa presa debaixo de um carro, mas se alguém vender a própria casa por causa de um pequeno vazamento quando, fora isso, a casa é bonita e perfeita, essa pessoa está sendo alarmista por muito pouco. O que a situação do planeta pede, e o que ela inspira? E o que acontece se não inspirar aquilo que pede — se descobrirmos que somos o tipo de pessoa que põe luzes e sirenes no carro para burlar o trânsito, e não o tipo que apaga as luzes da casa para evitar a destruição?

Jogar fora de casa

Apesar dos numerosos casos de força histérica já observados, fenômenos assim nunca foram demonstrados em uma situação controlada, porque seria antiético criar as condições necessárias para tal. Mas, além dos casos testemunhados, existem razões para assumir que seja um fenômeno real, incluindo o efeito de cargas elétricas nos músculos (que demonstram força muito maior do que o que se consegue só com força de vontade) e a performance de atletas nas competições mais importantes. Não é coincidência que a grande maioria dos recordes mundiais seja alcançada durante as Olimpíadas, quando o público é muito maior do que o de qualquer outra competição, e muito mais coisas estão em jogo. Os atletas conseguem fazer um esforço ainda maior porque têm um interesse maior também.

No mundo dos esportes, indivíduos e times vencem mais quando competem em casa (não só a maioria dos recordes mundiais ocorre durante as Olimpíadas, mas o país-sede quase sempre tem desempenho muito acima do normal). Em parte, isso acontece porque as pessoas envolvidas podem dormir um sono reparador na própria cama na noite anterior, comer comida caseira e jogar em terreno conhecido. Em parte, também existe a tendência do árbitro de agir em favor da equipe da casa. Mas a maior vantagem talvez esteja nas mãos dos torcedores: jogar em um estádio com a própria torcida gera confiança e é um incentivo poderoso para chegar à vitória. Um estudo da Bundesliga alemã de futebol[45] demonstrou que a vantagem de jogar em casa é maior em estádios em que não há pista de corrida em volta do campo de futebol do que naqueles em que há. Quanto mais perto os fãs ficam do campo, mais se sente a presença deles — e mais se *sente em casa* também.

Naturalmente, podemos assumir que, se formos invocar a força de vontade necessária para enfrentar a crise planetária, também teremos de invocar o apreço necessário. Teremos de enxergar a Terra como nossa casa — não de forma idiomática nem intelectual, mas de forma visceral. Como disse Daniel Kahneman, psicólogo vencedor do prêmio Nobel e pioneiro na compreensão de que nossas mentes podem operar em um modo lento (deliberativo) e um modo rápido (intuitivo), "[é] preciso que a questão se torne emocional para que ela possa mobilizar as pessoas".[46] Se continuarmos a encarar a luta para salvar nosso planeta como uma partida da próxima temporada, estaremos condenados.

Claramente, fatos não são suficientes para nos mobilizar. Mas e se não for possível invocar e sustentar as emoções necessárias? Já me engalfinhei com as minhas próprias respostas à crise planetária. Parece óbvio para mim que me importo com o destino do planeta, mas se consideramos tempo e energia como demonstrações de apreço, não vou poder negar que tenho ainda mais apreço pelo destino de um time de beisebol específico, o Washington Nationals, que é o time da minha infância. Parece óbvio para mim que não sou negacionista da mudança climática, mas é inegável que estou agindo como se fosse. Eu deixava meus filhos faltarem à escola para participar da "ola" na abertura da temporada de beisebol, mas faço virtualmente nada para impedir um futuro em que nossa cidade natal fique submersa.

Quando estava fazendo pesquisas para este livro, frequentemente ficava chocado com o que descobria. Mas raramente me sentia tocado. Quando me sentia tocado, o sentimento era efêmero, e nunca profundo o suficiente ou duradouro o suficiente para modificar meu comportamento ao longo do tempo. Nem mesmo as reportagens que me deixavam em pânico, como o ensaio aterrorizante de David Wallace-Wells chamado "The Uninhabitable Earth" ["A Terra inabitável"] — o artigo mais lido na história da *New York Magazine* até a data de sua publicação —, eram o bastante para chacoalhar minha consciência ou para se instalar nela. Isso não é culpa do ensaio, que é não somente revelador, mas muito inteligente e prazeroso, como apenas uma profecia apocalíptica não ficcional pode ser. É culpa do assunto. É excruciantemente, tragicamente difícil falar sobre a crise planetária de forma que seja fácil de acreditar.

Thomas Boyle Jr. não precisou de informação alguma para inspirá-lo a erguer o Camaro de cima de Kyle Holtrust; precisou, sim, de sentimento: "A única coisa que consegui pensar foi: e se fosse meu filho?" Mas e se a conexão emocional não fosse tão forte? Ele teria levantado o carro — teria conseguido, teria tentado — se tivesse sido mais difícil imaginar Holtrust como seu filho? Se Holtrust fosse de uma raça ou idade diferente? E se Boyle estivesse assistindo a uma simulação do acidente em uma tela e tivessem dito a ele que levantar mais de uma tonelada podia salvar uma vítima do outro lado do mundo? Apesar das relações afetuosas que a maioria das pessoas têm com seus bichos de estimação, e da frequência com que animais são atropelados por carros, nunca se registrou uma situação em que um indivíduo ergueu um carro para soltar um cachorro ou gato preso debaixo dele. Nossos corpos têm limites, assim como nossas emoções. Mas e se os nossos limites emocionais não puderem ser excedidos?

Escrevendo a palavra "punho"

A última vez que conferi meu telhado faz tanto tempo que nem sei mais dizer quanto tempo faz. É algo que está longe da cabeça porque está longe dos olhos — literalmente, eu não consigo ver em que condições esse telhado está e, diferente de uma mancha de água no teto, que é esteticamente desagradável, um telhado decrépito não ofende os olhos nem causa vergonha. Mesmo que eu conseguisse examiná-lo, como leigo, provavelmente não saberia se precisa de manutenção até que chegasse ao ponto de precisar ser trocado. A perspectiva de ter de trocar meu telhado me desencorajou de determinar se preciso fazer isso ou não.

Meu filho mais novo teve um pesadelo enquanto eu estava no banho, uma noite. Consegui ouvir o choro dele mesmo com o som da água do chuveiro, com a porta de vidro e as três paredes que nos separavam. Quando consegui chegar na cama dele, ele já tinha voltado a dormir tranquilamente. O quarto de meu filho, com suas decorações luxuosas, fica debaixo de um telhado que pode estar se deteriorando.

A força histérica talvez explique minha habilidade de ouvir o choro baixinho de meu filho, mas qual é a deficiência que me permite ignorar o telhado precário, e o céu precário que está acima dele? Aposto que, em algum momento, cada um dos judeus da vila da minha avó matou uma mosca que pousou na pele. Seja lá o que for que me deixa ignorar meu telhado e o clima, é a mesma coisa que deixou que cada uma dessas pessoas ficasse para trás mesmo sabendo que os nazistas estavam chegando. Nossos sistemas de alarme não estão preparados para ameaças conceituais.

Eu me encontrava em Detroit quando o furacão Sandy estava prestes a chegar na Costa Leste. Todos os voos para Nova York tinham sido cancelados e não seria possível pegar um avião nos dias seguintes. A perspectiva de não estar com a minha família era intolerável para mim. Não havia nada a ser feito em casa — tínhamos muitas garrafas de água e alimentos não perecíveis na despensa, lanternas com pilhas novas —, mas eu precisava estar lá. Encontrei o último carro para alugar na região e peguei estrada às 23h daquela noite. Doze horas depois, eu passava de carro pelos limites dianteiros da tempestade. O vento e a chuva quase me impediam de prosseguir. A última hora do trajeto se transformou em quatro horas. As crianças estavam dormindo quando cheguei em casa. Liguei para meus pais, como havia prometido, e minha mãe me disse: "Você é um ótimo pai."

Eu tinha dirigido por 16 horas a fim de chegar em casa simplesmente para estar lá. Nos dias, meses e anos seguintes, fiz virtualmente nada para diminuir as chances de que outra supertempestade atacasse minha cidade. Não cheguei sequer a considerar o que eu poderia fazer.

A sensação de pegar estrada naquele dia foi boa. Estar lá, fazendo nada, foi bom. Foi bom ouvir minha mãe elogiar minha performance como pai e, quando eles desceram, ver o alívio dos meus filhos ao me ver. Mas que tipo de pai prioriza se sentir bem e não fazer o bem?

Eu era criança quando descobri por que se escreve a palavra "ambulância" ao contrário. E amei a explicação. Mas agora sou mais velho, e há algo que não consigo entender: existe um só ser vivo que veria uma ambulância no retrovisor — as luzes rotativas, as sirenes — e precisaria da palavra "ambulância" para identificá-la? Não seria a mesma coisa que um lutador de boxe escrever a palavra "punho" em sua luva?

Eu corro para acalmar meu filho tendo um pesadelo, mas faço quase nada para impedir um pesadelo no mundo. Se ao menos eu pudesse vivenciar a crise planetária como se fosse meu filho me chamando do quarto. Se eu pudesse vivenciá-la exatamente como ela é.

Às vezes é preciso escrever a palavra "punho" no punho. O furacão Sandy arrasou nossa casa e nossa cidade. Levamos esses golpes sem conseguir identificá-los como golpes; para a maioria de nós, era só tempo ruim. Jornalistas, âncoras de jornal, políticos e cientistas ficavam cautelosos, evitando identificar esses eventos como produtos da mudança climática até que isso fosse comprovado com um grau de irrefutabilidade impossível de alcançar. E, seja como for, o que é que se faz com o clima a não ser aceitá-lo?

Eu quero me preocupar com a crise planetária. Penso na minha pessoa e quero que me vejam como alguém que se preocupa. Da mesma forma que me vejo, e quero ser visto, como um ótimo pai. Da mesma forma que me vejo, e quero que me vejam, como alguém que se preocupa com liberdades civis, justiça econômica, discriminação e bem-estar animal. Mas essas identidades — que eu, exibicionista, ostento conscienciosamente e defendo em tom de palestra — me livram a cara muito mais do que inspiram responsabilidade. Elas me oferecem maneiras de fugir da verdade antes de refletirem verdades. Não são identidades de forma alguma — somente identificadores.

A verdade é que não me preocupo com a crise planetária — não em nível de crença. Faço esforço para superar meus limites emocionais: leio as notícias, assisto aos documentários, compareço às manifestações. Mas meus limites continuam lá. Se parece que estou protestando demais ou sendo crítico demais — como é que alguém pode se dizer indiferente ao tema de seu próprio livro? —, é porque você também superestimou seu comprometimento, ao mesmo tempo em que subestimou o que seria necessário fazer.

Em 2018, apesar de saber mais do que jamais soubemos sobre a mudança climática causada por humanos,[47] nós produzimos mais gases de efeito estufa do que nunca, em uma escala três vezes maior do que a do crescimento populacional. Existem explicações convenientes — o uso crescente de carvão na China e na Índia, uma economia global forte, estações atipicamente severas que demandaram picos de energia para calefação e refrigeração. Mas a verdade é tão crua quanto óbvia: não nos importamos.

E agora?

Paus

Assim como nossos descendentes não vão diferenciar as pessoas que negaram a ciência da mudança climática daquelas que se comportaram como se acreditassem, eles também não vão distinguir entre as que se sentiram profundamente investidas em salvar o planeta e as que simplesmente o salvaram. Talvez seja verdade que não somos capazes de inspirar sentimentos fortes sobre o lugar onde vivemos, nossa casa. Mas também, pode ser que isso não seja necessário. Neste caso, talvez sentimentos sejam empecilhos para o progresso em vez de facilitadores.

O primeiro retrato fotográfico de um humano foi tirado em 1839 — e foi uma *selfie*. Robert Cornelius, nos fundos da loja de artigos de iluminação de sua família na Filadélfia, montou uma caixa com uma lente de binóculos de teatro. Ele retirou a tampa que bloqueava a passagem de luz, correu para o enquadramento, ficou parado por mais de um minuto, depois correu de volta e recolocou a tampa. Um pouco menos de dois séculos depois,[48] 93 milhões de *selfies* são tiradas todos os dias somente por usuários de Android. Pesquisadores recentemente identificaram[49] uma condição definida pelo impulso de tirar *selfies* e publicá-las nas redes sociais pelo menos seis vezes por dia. Eles a chamaram de "selfite crônica".[50]

Se uma junta de psicólogos do mal tivesse arquitetado a mudança climática como a catástrofe perfeita para destruir nossa espécie, talvez tivessem incluído no caldeirão a emissora MSNBC, as redes sociais e de quebra os carros híbridos; todas as coisas que oferecem uma sensação de que o usuário está participando de algo sem que esteja de fato participando, sensação essa bem parecida com a de estar presente sem estar presente que as *selfies* proporcionam.

Ao explicar o crescimento da MSNBC,[51] o estrategista republicano Stuart Stevens disse: "Acho que há muita gente por aí com uma preocupação dramática quanto aos rumos do país e eles querem se lembrar de que a) não estão sozinhos e b) existe uma alternativa." Mas a solidão não é o problema; os rumos do país é que são. E estar sozinho em conjunto não é um caminho alternativo, assim como grupos de apoio a pessoas com câncer não diminuem tumores. É provavelmente verdade que espectadores da MSNBC se sentem inspirados a doar dinheiro para candidatos progressistas, e talvez haja alguém por aí que mudou de opinião política, em vez de encontrar alento para a solidão, por causa de Rachel Maddow. Certamente, é verdade que carros híbridos têm melhor desempenho do que um carro tradicional a gasolina. Mas, antes de tudo, essas coisas fazem com que nos sintamos melhor. E pode ser perigoso se sentir melhor quando as coisas não estão melhorando.

Um estudo recente publicado na *Environmental Science and Technology*[52] examinou 108 cenários para a adoção de veículos híbridos ou totalmente elétricos ao longo das próximas três décadas, considerando variáveis como preço de combustível, custos com bateria, incentivos governamentais para combustíveis alternativos e possíveis limites de emissão. Esse estudo descobriu que, como as emissões de escapamento são contrabalançadas, em grande parte, pela maior quantidade de geração de energia necessária para carregar baterias de carros, "os resultados projetados não demonstram uma tendência clara e consistente de diminuição sistemática de emissões".

Embora essa conclusão possa ser discutível, o que não é discutível é que as emissões veiculares de um cidadão médio[53] não representam mais do que 20% do total de suas emissões de gás carbônico. Mesmo que se consiga viver sem carro — uma ação muito mais significativa do que passar a dirigir um Prius —, isso seria nada mais do que um começo de conversa. Precisamos diminuir muito o uso de carros, mas também temos de fazer bem mais do que isso. Com demasiada frequência, a sensação de estar fazendo a diferença não corresponde à diferença feita — pior ainda, um senso de realização inflado pode acabar tirando o peso de ter de fazer o que realmente precisa ser feito.

As crianças cujas vacinas são pagas por Bill Gates[54] estão preocupadas se ele fica irritado de doar 46% de sua vasta fortuna para a caridade? As crianças morrendo de doenças evitáveis[55] se importam se Jeff Bezos fica se sentindo altruísta quando doa 1,2% de sua ainda mais vasta fortuna?

Se você estivesse em uma ambulância, preferiria ter um motorista que odeia o trabalho, mas dirige com maestria ou um que ama a profissão, mas leva duas vezes mais tempo para chegar ao hospital?

Para salvar o planeta, precisamos do oposto da *selfie*.

Uma onda

As abelhas fazem uma onda para espantar vespas predatórias. Uma após a outra, cada uma vira o abdome para cima por um momento, criando um padrão ondulatório em toda a colmeia[56] — o fenômeno se chama *shimmering* ["cintilação"]. O coletivo afasta o perigo, algo que nenhuma abelha conseguiria fazer sozinha.

Para cada história em que um indivíduo consegue erguer um carro para soltar uma pessoa presa há centenas de outras em que grupos de pessoas erguem carros para soltar pessoas presas (e embora não existam histórias em que pessoas erguem carros para soltar animais presos, existem muitas histórias de grupos de pessoas fazendo a mesma coisa). Não existe diferença para uma pessoa que está presa debaixo de um carro entre a impressionante ação de um indivíduo e os pequenos esforços coletivos de indivíduos agindo em conjunto.

Há uma citação de Einstein que diz: "Se as abelhas desaparecessem da face da terra, o homem sobreviveria por mais quatro anos." É quase certo que ele não disse isso, e é quase certo que essa afirmação não é verdadeira. Assim como a estatística amplamente citada de que um terço de toda a produção agrícola depende da polinização pelas abelhas não é precisa. Mas *é de fato* verdade que as populações de abelhas vêm diminuindo drasticamente em todo o planeta[57] por causa da mudança de temperatura (e também devido aos pesticidas, à monocultura e à perda de habitat por causa da agricultura industrial). Já se começa a sentir os efeitos disso, e eles serão profundos. Essa mudança acaba por determinar que tipos de insumos podem ser produzidos, como são precificados e como é feita a colheita.

Da China à Austrália e à Califórnia,[58] produtores de frutas e castanhas frequentemente alugam abelhas que viajaram quilômetros em carretas para polinizar suas árvores. E em áreas onde a mão de obra humana é mais barata do que a mão de obra apícola — uma ideia que é preciso questionar —, as árvores são polinizadas manualmente. Enxames de trabalhadores lotam os pomares. Empunhando longas varetas com penas de galinha e filtros de cigarro em uma das pontas, eles transferem laboriosamente o pólen de garrafas penduradas no pescoço para o estigma de cada flor. Um fotógrafo que documentou esse processo disse: "Por um lado, é uma história do impacto humano sobre o meio ambiente, e por outro, demonstra nossa capacidade de ser mais eficiente apesar das circunstâncias."[59]

É sério isso? Algum sentido da palavra *eficiente* é capaz de descrever uma situação em que humanos precisam fazer o trabalho de abelhas? Existe qualquer coisa que lembre um *outro lado* inspirador, ou simplesmente aceitável?

Os paus de *selfie* simbolizam perfeitamente a supremacia da performance social — *veja só como estou fazendo uma coisa*. Os paus de pólen simbolizam perfeitamente nossa crise planetária — *veja só o que acontece quando ninguém faz coisa alguma*. Embora o pau de *selfie* não necessariamente leve ao pau de pólen, não será possível superar o segundo sem superar o primeiro.

Fixe estas duas imagens em sua mente: um indivíduo tirando um carro de cima de uma pessoa presa ali embaixo e centenas de humanos trabalhando arduamente para depositar pólen nas flores. Essas são as nossas únicas opções para reagir a uma crise? Isso se chama força histérica ou fraqueza histérica?

Não, existe uma terceira opção.

Nunca comecei uma *ola* em uma partida de beisebol. Essas *olas* precisam menos de iniciativa do que de participação.

Nunca tive a experiência de uma *ola* chegar em mim no momento exato em que eu me sentia exaltado pelo entusiasmo. As *olas* não precisam de sentimento; elas geram sentimento.

Nunca resisti a uma *ola*.

Vontade de agir, agir com vontade

Noventa e seis por cento das famílias americanas[60] se reúnem todo ano para a ceia de Ação de Graças.[61] Esse número é mais alto do que a porcentagem de americanos que escovam os dentes todos os dias, que leram um livro no ano passado[62] ou que se mudaram do estado onde nasceram.[63] É quase certamente a mais ampla ação coletiva — a maior onda — da qual americanos participam.

Se os americanos tivessem estabelecido uma meta[64] de comer o máximo possível de perus em um dia, é impossível imaginar como ultrapassar os 46 milhões que são consumidos na terceira quinta-feira de novembro todo ano. Se o presidente Roosevelt tivesse nos pedido para comer perus em apoio aos esforços de guerra, se o presidente Kennedy tivesse inspirado um aumento espetacular no consumo do peru, duvido que teríamos consumido esse tanto. Se pratos de peru fossem distribuídos de graça em cada esquina, não acredito que seriam consumidos mais do que 46 milhões. Nem mesmo se as pessoas fossem *pagas* para comer peru. Se existisse uma lei obrigando os americanos a fazer ceias de Ação de Graças, o número de pessoas celebrando essa data cairia.

Em seu livro seminal *The Gift Relationship: From Human Blood to Social Policy* ["A relação de doação de sangue humano a políticas sociais"], o cientista social Richard Titmuss argumenta que pagar doadores de sangue pode ter o efeito contrário ao desejado, porque acaba enfraquecendo a motivação mais importante: o altruísmo. Um estudo recente feito pela Escola de Economia de Estocolmo[65] procurou testar a teoria de Titmuss, e de fato descobriu que, para algumas populações — e os resultados foram dramáticos entre mulheres —, a oferta de doadores de sangue pode cair até pela metade quando está em jogo uma compensação financeira.

Se você celebra o dia de Ação de Graças — ou o Natal, ou a Páscoa, qualquer comemoração coletiva —, você faz isso porque existem incentivos externos, como uma lei ou compensação financeira? Porque se sente espontaneamente compelido? Ou porque, da mesma forma que abre espaço para a ambulância ou se levanta quando chega a *ola* em um jogo de beisebol, *a situação está ali e é simplesmente o que se faz*? A ceia de Ação de Graças certamente traz alguns prazeres (uma boa refeição, passar tempo com a família) e algumas frustrações (o aborrecimento de ter de viajar, passar tempo com a família), mas, para a maioria das pessoas, esses fatores não determinam a decisão de celebrar.

Quantas pessoas de fato *decidem* celebrar Ação de Graças todo ano? Se a possibilidade de se abster estivesse enraizada na cultura — assim como acontece como feriados seculares, como Quatro de Julho —, será que 96% das pessoas realmente fariam a mesma opção? Vamos à mesa não por causa dos nossos sentimentos, mas porque a Ação de Graças faz parte do calendário e porque nunca pulamos essa data. A gente vai porque vai. Muitas vezes, a mera participação em algo produz o sentimento que a atividade deveria na verdade inspirar.

Foi feito um estudo no Magh Mela, um festival hindu celebrado em Allahabad, na Índia, e considerado um dos maiores eventos coletivos do mundo. O grupo de controle — "outros comparáveis" — não compareceu e relatou depois de um mês que não houve mudança em suas identidades espirituais. Mas os peregrinos que participaram[66] do festival "demonstraram maior identificação social enquanto hindus e maior frequência em rituais de oração". Um estudo completamente diferente descobriu que casais instruídos a passar mais tempo abraçados do que normalmente passariam depois de fazer sexo relataram maior satisfação em seus relacionamentos do que o grupo de controle. "Reservar um tempo maior e mais satisfatório de troca de afeto pós-sexo foi associado, no decorrer desse estudo, com maior satisfação sexual e no relacionamento três meses depois",[67] relataram os pesquisadores.

Embora seja verdade que as pessoas celebram o dia de Ação de Graças para expressar gratidão, que participam de festivais religiosos para expressar sua identidade religiosa e que passam tempo abraçadas para expressar afeto, a motivação inicial nem sempre precisa ser forte, ou sequer estar presente. Motivação pode ser um impulso para a ação, mas — o que ainda é mais notável — agir também pode produzir motivação. Não fazemos caminhadas pelo deserto para olhar as estrelas porque estamos sentindo plenitude espiritual. Sentimos plenitude espiritual porque estamos no deserto olhando para as estrelas. Não enfrentamos filas em aeroportos e viajamos milhares de quilômetros para a ceia de Ação de Graças porque nos sentimos particularmente próximos da família na terceira semana de novembro. Sentimos essa aproximação especial por causa da viagem e da refeição.

Depois que os mercadinhos da rede Pay and Save colocaram setas verdes no piso levando às gôndolas de hortifruti,[68] 90% dos consumidores seguiu o caminho e as vendas de alimentos frescos dispararam.

Em países nos quais os cidadãos têm de optar por doar seus órgãos, em média 15% se tornam doadores. Nos países onde têm de optar por *não* ser doadores de órgãos[69] — ou seja, em que o status de doador é automático — o número de doadores aumenta para cerca de 90%.

Colados perto dos mictórios[70] a fim de encorajar os homens a acertar a mira, adesivos bem-humorados — com moscas, alvos e o emblema do time de futebol americano New England Patriots — ajudam a reduzir respingos em até 80%.

Embora provavelmente seja verdade que menos pessoas fariam a ceia se a comemoração de Ação de Graças fosse determinada por lei, certamente é verdade que se a Ação de Graças não tivesse o facilitador de ser um feriado nacional, menos pessoas fariam a ceia. A ação coletiva acontece porque a estrutura a incentiva — as emoções amorfas e nada urgentes que sentimos com relação à ceia de Ação de Graças precisam desse alicerce.

*

Cerca de 37% dos eleitores cadastrados[71] votaram nas eleições de meio de mandato de 2014 nos Estados Unidos. Nas eleições presidenciais de 2016[72] — amplamente chamada de "a eleição mais importante dos nossos tempos" — cerca de 60% dos eleitores votaram. Por que há participação quase unânime na ação coletiva que é a ceia de Ação de Graças e, ao mesmo tempo, tão pouca gente participa da democracia americana? Ambas exigem certo trabalho e oferecem profunda gratificação. Mas só uma dessas duas coisas vai moldar o mundo pelos quatro anos seguintes. Não temos problema algum em celebrar a história juntos, mas temos dificuldade de fazer parte de sua criação.

Diferentemente do dia de Ação de Graças, o dia de eleições não é feriado nacional. Embora esses eventos muitas vezes aconteçam a poucas semanas um do outro e embora o último tenha muito mais consequências práticas do que o primeiro, um número significativamente maior de pessoas comparece à ceia de Ação de Graças. A ceia é convidativa. Para muitas pessoas, votar é proibitivo. A maioria das pessoas definiria sua experiência com o dia de Ação de Graças assim: sentar-se à mesa e desfrutar de uma longa refeição com entes queridos. A maioria das pessoas definiria sua experiência de votar da seguinte forma: ficar de pé em uma fila enorme junto com desconhecidos, muitas vezes em condições climáticas adversas, com a preocupação de se atrasar para o trabalho ou para o jantar e, depois, com a preocupação adicional de não saber se aquela cédula bizarramente complicada foi preenchida corretamente.

É claro que existe uma alternativa. Poderíamos transformar o dia das eleições em um feriado nacional e dar folga no trabalho e na escola para todos. Poderíamos permitir que as pessoas votassem pela internet, assim como fazemos com o pagamento de impostos. Poderíamos simplificar a cédula consideravelmente, mostrar imagens dos candidatos ao lado do nome de cada um...

Diferentes arquiteturas existem para incentivar a celebração de certos valores e o consumo de certos alimentos no dia de Ação de Graças. Arquiteturas também existem para desencorajar a votação.

Alguns acontecimentos — ver um adolescente preso debaixo de um carro, ouvir uma criança acordar gritando, sentir um inseto pousando na pele, competir em um evento olímpico, participar de combate militar — geram sentimentos que facilitam a ação. Existem, no entanto, outros acontecimentos que também, e muitas vezes com maior urgência, requerem que se tome uma atitude, mas eles não são capazes de impulsionar a ação. Acontecimentos conceituais — nazistas chegando em seu vilarejo, uma observância nacional de gratidão, uma guerra em outro continente, uma eleição presidencial, a mudança climática — pedem estruturas que facilitem ações capazes de gerar sentimentos.

A construção de uma nova estrutura pede a ação de arquitetos, e isso muitas vezes requer um desmonte das estruturas já existentes, ainda que estejamos tão acostumados a vê-las a ponto de nem as vermos mais.

Onde começam as ondas?

"Quando, ao final dessa grande luta, tivermos preservado a liberdade característica de nosso modo de vida, não teremos feito 'sacrifício' algum." Os americanos ouviram essas palavras incorpóreas em seus aparelhos de rádio; Roosevelt as proferiu em sua cadeira de rodas. O paciente de pólio mais público da história também era o mais privado. Ele nunca negou ter perdido a mobilidade das pernas,[73] mas coreografou sua imagem política meticulosamente: os fotógrafos que tiravam fotos dele na cadeira de rodas eram banidos da área de imprensa da Casa Branca; ele raramente entrava ou saía de um carro em público; usava um aparelho de aço para sustentar suas pernas quando ficava de pé. Se você alguma vez já assistiu a um vídeo de Roosevelt fazendo discurso — quem sabe o discurso sobre infâmia ao Congresso —, provavelmente notou os movimentos quase espasmódicos que ele fazia com a cabeça. O queixo se tornou um substituto das mãos, que ele cravava no pódio para se manter de pé.

Apesar de prezar por sua privacidade, Roosevelt foi um instrumento crucial no desenvolvimento de uma vacina contra a poliomielite. Em 1938, ele ajudou a criar a organização que viria a ser conhecida como a March of Dimes ["Marcha dos Tostões"], que se tornou a fonte primária de financiamento da pesquisa sobre a pólio. Um dos contemplados com esse fundo foi Jonas Salk. Em 1952, depois de inocular em milhares de macacos, com sucesso, sua pouco ortodoxa vacina feita de "vírus mortos",[74] Salk começou os testes em humanos — seus primeiros pacientes foram ele mesmo, a esposa e os três filhos.[75] Dois anos depois, ele deu início aos testes clínicos, que se tornariam o maior experimento de saúde pública da história dos Estados Unidos. Apesar de não haver garantia alguma de que a vacina fosse segura, quase 2 milhões de pessoas se tornaram "pioneiras da pólio". Em 12 de abril de 1955 — uma década exata depois da morte de Roosevelt —, os resultados dos testes foram abertos ao público. A vacina era "segura, eficaz e potente". Jonas Salk havia encontrado a cura para a pólio.

*

Quando uma norma social muda rapidamente, ela dá às pessoas permissão — ela *libera* as pessoas — para agir. Mas, assim como uma *ola* em uma partida de beisebol, ainda que os participantes estejam ansiosos para participar, ações coletivas precisam ser postas em movimento. Por mais de duzentos anos depois da primeira ceia de Ação de Graças, diferentes colônias, e depois estados, passaram a celebrar a data à sua maneira: em dias diferentes (muitas vezes em diferentes estações do ano); alguns lugares promoviam banquetes com alimentos específicos da região; e alguns criaram o hábito de fazer jejum. George Washington declarou um dia de Ação de Graças em fevereiro de 1795. John Adams declarou outro em 1798 e outro em 1799. Thomas Jefferson optou por não declarar dia algum. Foi somente em 1863 — em meio à Guerra Civil — que Abraham Lincoln, em seus esforços de unificar uma nação que passava por um processo acelerado de divisão, proclamou a última quinta-feira de novembro como feriado nacional. O dia de Ação de Graças celebrado hoje em dia[76] é a comemoração de um banquete compartilhado por colonizadores de Plymouth e indígenas da etnia Wampanoag em 1621, mas, quando Lincoln propôs esse feriado pela primeira vez em um discurso, ele deu ênfase ao sentimento geral de gratidão por "a harmonia ter prevalecido em toda parte, exceto no teatro do conflito militar". Seja quais forem suas razões, ao codificar o feriado e facilitar sua celebração, Lincoln criou uma nova norma.

Embora a maioria das crianças tenha recebido a vacina de Salk meses após sua aprovação, a taxa de vacinação entre adolescentes, que também estavam vulneráveis à pólio, foi baixa (como a pólio era então conhecida como "paralisia infantil", tinha-se a noção errada de que ela somente atingia bebês e crianças pequenas). Em 1956, antes de ir ao *Ed Sullivan Show* prestar apoio público à Fundação Nacional para a Paralisia Infantil (conhecida como a Marcha dos Tostões), Elvis Presley foi fotografado recebendo sua vacina contra a pólio. As fotografias foram então publicadas em jornais de todo o país. Aquele momento é apontado como causa do enorme aumento nas vacinações — estatísticas amplamente divulgadas, embora talvez duvidosas, diziam que isso aumentou as taxas de imunização nos Estados Unidos "de 0,6% a 80% em somente 6 meses!". Talvez se possa sugerir então que foi Elvis quem erradicou a pólio nos Estados Unidos.

*

Quando eu era mais novo, as pessoas fumavam cigarro no avião. É algo tão impensável agora que eu tive de verificar isso para ter certeza de que estava lembrando certo. Como vemos a predominância do tabagismo no passado recente, uma norma de que quase todos os grupos demográficos — incluindo crianças e gestantes — participavam? Provavelmente da mesma maneira que cidadãos de países com consciência ambiental veem os americanos. Da mesma forma que nossos descendentes nos verão.

Ao longo das últimas décadas, as normas relacionadas ao cigarro mudaram: quantas pessoas fumam, quanto e onde. Algo que um dia já foi aceitável e até considerado atraente se tornou um tabu, ou pelo menos desagradável. Os chamados "impostos sobre o pecado" [*sin taxes*] e certas leis ajudaram a causa — e a resistência por parte dos lobistas da indústria atrapalhou —, mas as mudanças foram engendradas primariamente por conta de campanhas em massa. A maioria das pessoas quer fazer o que é melhor para o mundo, desde que não tenha de fazer sacrifícios pessoais. Fumar é um hábito fisicamente viciante cujas repercussões globais (tabagismo passivo e o impacto do câncer no sistema de saúde) parecem distantes. No entanto, a taxa de tabagismo nos Estados Unidos caiu pela metade desde que nasci em grande parte por causa de campanhas em massa.[77] Isso pode soar como uma vitória, mas é uma derrota.

Por que o tabagismo caiu só pela metade? E por que demorou tanto? Já em 1949,[78] 60% dos americanos declaravam que fumar cigarro fazia mal à saúde. O obstáculo na época já não era a falta de informação, e esse certamente não é o obstáculo agora. Como conciliamos o conhecimento amplamente aceito de que fumar mata e a realidade de que ainda existem mais fumantes nos Estados Unidos (quase 38 milhões) do que habitantes no Canadá?[79] Por que alguém tão consciente e autodeterminado quanto Barack Obama[80] ainda ocasionalmente se dava ao luxo de se render a um hábito que, em média, reduz o tempo de vida em vinte anos? Provavelmente pela mesma razão que uma pessoa consciente e autodeterminada como Barack Obama não tratou adequadamente da questão da mudança climática. Muitas forças são mais fortes do que uma ameaça conceitual.

A indústria do tabaco alterou geneticamente os cigarros para que sejam duas vezes mais viciantes do que eram há cinquenta anos e fez propaganda muito mais pesada em bairros menos abastados, muitas vezes perto de escolas. A indústria ofereceu cigarros de graça em condomínios de moradia popular subsidiados pelo governo e ofereceu cupons de desconto para cigarros junto com vales-alimentação. Apesar do custo crescente do cigarro,[81] quase três em cada quatro fumantes são de bairros de baixa renda. Da mesma forma que movimentos sociais como vacinação contra a pólio, a campanha contra o assédio sexual #MeToo, a campanha antitabagismo e a luta pelo meio ambiente são impulsionados por forças concorrentes, eles também são travados por forças concorrentes.

*

A vacinação em público de Elvis pode ter contribuído com o salto dramático no número de imunizações, mas não foi a causa do aumento. De acordo com o historiador Stephen Mawdsley,

> Obviamente, foi uma ajuda para convencer adolescentes a tomar a vacina, mas — curiosamente — o impacto não foi lá muito grande. O que fez a diferença mesmo foi a atitude dos próprios adolescentes. Com a ajuda da Fundação Nacional para a Paralisia Infantil, eles montaram um grupo chamado Adolescentes Contra a Pólio, fizeram campanha de porta em porta e organizaram bailes onde só vacinados podiam entrar. Isso demonstrou, praticamente pela primeira vez, o poder que têm os adolescentes de entender e se conectar com sua própria faixa demográfica.[82]

Mudanças sociais, assim como a mudança climática, são causadas por múltiplas reações em cadeia ocorrendo simultaneamente. Ambas causam e são causadas por ciclos de retroalimentação. Não há um fator único que cause um furacão, uma seca ou incêndio ambiental, assim como não há um fator único que cause queda no número de fumantes — e, mesmo assim, em todos esses casos, cada um dos fatores é significativo. Quando é preciso haver uma mudança radical, muitos dizem que é impossível impulsioná-la com ações individuais, e por isso, qualquer tentativa seria em vão. Esse é o exato oposto da verdade: a impotência da ação individual é uma razão para todo mundo tentar.

Em 1º de novembro de 2018, cerca de 20 mil empregados do Google participaram de uma onda internacional de greves em protesto contra a forma pela qual a empresa vinha lidando com casos de assédio sexual. As greves foram organizadas em menos de uma semana, e mais de 60% dos escritórios do Google no mundo inteiro participaram. A resposta coletiva foi especialmente significativa porque contraria o tipo de individualismo que reina como *ethos* dominante no Vale do Silício. Em um *release* para a imprensa,[83] os organizadores do protesto disseram: "Isto faz parte de um movimento em ascensão, não só na área de tecnologia, mas por todo o país, e inclui professores, equipes de *fast foods* e outros que estão usando a força do coletivo para provocar mudanças reais." Uma semana depois, o Google atendeu à primeira condição dos organizadores: abolir a arbitragem forçada* para assédio sexual (a arbitragem forçada já havia impedido queixas de assédio sexual de chegarem à Justiça). Dias depois, Facebook, Airbnb e eBay fizeram o mesmo.

Em menos de uma semana, conseguiu-se organizar um protesto internacional. Com mais uma semana, o Google mudou suas políticas corporativas. Dias depois, três outras grandes empresas mudaram também. Tudo isso aconteceu em menos de um mês.

Não teria sido possível encontrar a cura para a pólio sem que alguém inventasse uma vacina — e, para isso, foi preciso existir uma

---

* N. da T.: No original, "forced arbitration": tipo de acordo adotado em empresas norte-americanas por intermédio do qual o patronato consegue evitar que um caso de assédio vivido por uma funcionária ou funcionário vá parar nos tribunais. O episódio é então julgado internamente por alguém contratado para fazer as vezes de "juiz".

arquitetura de apoio (financiamento pela Marcha dos Tostões) e conhecimento (a descoberta científica de Jonas Salk). Mas essa vacina não poderia ter sido aprovada sem uma onda de pioneiros da pólio que se voluntariaram para os testes — os sentimentos deles foram irrelevantes nisso; foi a participação na ação coletiva que permitiu que a cura fosse levada ao público. E essa vacina aprovada de nada valeria se não tivesse se tornado uma febre social, e logo uma norma — seu sucesso foi o resultado tanto de campanhas publicitárias de cima para baixo quanto de campanhas em massa.

Quem curou a pólio?
Ninguém.
Todo mundo.

Abra os olhos

Assim como seu autor, a maioria dos leitores deste livro não é cientista no nível de Jonas Salk, nem celebridade no nível de Elvis. Vivemos nossas vidas sem produzir uma marolinha que seja, quanto mais fazer ondas. E, quando se trata da crise planetária, a maioria de nós se sente perdida no meio das causas e dos efeitos, confusa com as estatísticas que não param de mudar, frustrada com a retórica. Nos sentimos impotentes, porém inexplicavelmente calmos. Como é que se pode exigir que nós, cidadãos comuns, façamos alguma coisa para lidar com uma crise sobre a qual temos conhecimento mas em que não acreditamos, sobre a qual temos uma ideia — na melhor das hipóteses — meio nebulosa, e contra a qual não temos soluções óbvias?

Assistir ao filme de Al Gore *Uma verdade inconveniente* foi uma revelação intelectual e emocional para mim. Quando a tela ficou preta depois da última imagem, nossa situação me pareceu perfeitamente clara, assim como minha responsabilidade em participar dessa luta. Assim como as dezenas de milhares de americanos que foram direto para os centros de alistamento quando ouviram a notícia sobre Pearl Harbor, fiquei ansioso para me alistar.

E quando os créditos do filme começaram a rolar, no momento em que se sente o maior entusiasmo para fazer seja o que for preciso para lutar contra o apocalipse que Al Gore tinha acabado de desenhar, algumas sugestões apareceram na tela. "Você está pronto(a) para mudar seu modo de vida? Existem soluções para a crise climática. Veja como você pode começar."

    Peça a seus pais para não destruírem o mundo em que você vai viver.
    Se você tem filhos, junte-se a eles para salvar o mundo onde eles vão viver.
    Passe a usar fontes renováveis de energia.
    Ligue para a empresa que fornece eletricidade em sua área para saber se oferecem energia limpa. Se não, pergunte o porquê.
    Vote em líderes que prometam resolver essa crise.
    Escreva para o Congresso. Se eles não ouvirem, candidate-se.
    Plante árvores, muitas árvores.
    Fale sobre o assunto em sua comunidade.
    Ligue para programas de rádio e jornais.
    Insista para que o governo dos Estados Unidos congele as emissões de CO_2.
    Participe de campanhas internacionais para parar a mudança climática.
    Reduza sua dependência de petróleo estrangeiro; ajude agricultores a cultivar combustíveis à base de álcool.
    Aumente os padrões do que significa economizar combustível; demande automóveis com baixa emissão.
    Se você tem fé, reze para que as pessoas encontrem a força de vontade para realizar mudanças.
    Nas palavras do antigo provérbio africano, quando rezar, mexa seus pés.
    Incentive todo mundo a assistir a este filme.[84]

Fiquei frustrado com o quanto essa lista é vaga (*Ligue para programas de rádio para dizer o que exatamente, e com que objetivo?*), improdutiva (*Posso pedir para os meus pais não destruírem o mundo em que eu vou viver, e eles podem pedir o mesmo para os pais deles, mas, em algum momento, alguém não vai ter de fazer alguma coisa?*), simplesmente pouco realista (*"Olá, Senhor Presidente, sou eu. Me desculpe por ter deixado a ligação em espera — estava ali ajudando uns fazendeiros a cultivar combustíveis a álcool —, mas agora que você está na linha, preciso insistir para que os Estados Unidos congelem as emissões de CO_2*), e tão tautológica que até seria ridícula se eu não estivesse quase chorando (*Assista a este filme para depois incentivar outras pessoas a assisti-lo e para essas pessoas incentivarem mais outras pessoas a fazer o mesmo*).

É bom abrir a boca, é bom reciclar, plantar árvores, muitas árvores. Essas atividades são boas na mesma medida em que esquadrinhar o céu procurando aeronaves inimigas que nunca vão aparecer pode ser bom: nos lembram de que existe uma guerra em curso para produzir solidariedade e força de vontade. De acordo com uma análise de 2017,[85] reciclar e plantar árvores estão entre as escolhas pessoais mais recomendadas para o combate à mudança climática, mas elas não são de grande impacto — são mais sentimentos do que ações. Entre outras iniciativas consideradas importantes, mas sem grande impacto estão: instalar painéis de energia solar, conservar energia, comer coisas produzidas localmente, compostar, lavar roupas com água fria e secar no varal, prestar atenção na quantidade de embalagens que se leva para casa, comprar alimentos orgânicos, substituir um carro convencional por um híbrido. Ao fazer esses esforços — *só* esses e mais nenhum outro — o que as pessoas estão de fato fazendo é dizer "punho" para um objeto que querem socar. Aviões patrulhando os céus do Oriente Médio sem que, em contrapartida, haja homens em solo na Europa seriam nada mais do que missões suicidas.

Há uma ausência gritante na lista de Gore, e sua invisibilidade é repetida em *Uma verdade mais inconveniente*, com uma minúscula exceção. É impossível explicar essa omissão como acidental sem também acusar Gore de algum tipo de ignorância radical ou negligência. Se fizermos uma "escala de erros", seria o equivalente de um médico prescrever exercício físico para um paciente convalescendo de ataque cardíaco sem também avisar que ele precisa parar de fumar, reduzir o estresse e parar de comer hambúrguer e fritas duas vezes por dia.

Então por que deliberadamente deixar esse ponto de fora? Quase com certeza por medo de a controvérsia roubar a cena e diminuir o entusiasmo que ele havia se esforçado tanto para despertar. É também um ponto que tem estado geralmente ausente nos sites de grandes organizações ambientalistas — embora isso pareça estar mudando agora. Também não foi mencionado no festejado livro *Dire Predictions* ["Previsões sombrias"], escrito pelos cientistas climáticos Michael E. Mann e Lee R. Kump para educar os cidadãos a respeito do quinto relatório analítico do Painel Intergovernamental sobre a Mudanças Climáticas, lançado em 2014. Depois de fazer previsões de desastres climáticos, os autores recomendaram substituir secadoras elétricas por varais e optar pela bicicleta como meio de transporte. Entre as sugestões, não há referência alguma à ação diária que é, de acordo com o diretor de pesquisa do Projeto Drawdown — um grupo de quase duzentos cientistas ambientais e líderes no campo das ideias dedicados a identificar e criar modelos das soluções mais substanciais para a mudança climática — "a mais importante contribuição que cada indivíduo pode fazer para reverter o aquecimento global".[86]

Nos Estados Unidos, os ambientalistas vêm travando uma batalha difícil desde o início, enfrentando o desafio de educar os cidadãos sobre uma coisa abstrata e em que é difícil acreditar, assim como uma enorme resistência por parte da indústria de combustíveis fósseis e, depois de um breve período de cooperação com os dois partidos, também da maior parte de um partido político. Se eles passaram décadas tentando persuadir o público de que tirar o gás carbônico da Terra e queimá-lo causa uma mudança climática, e as pessoas *ainda assim* elegeram um presidente que chamou o aquecimento global de falsificação chinesa, como podem esperar começar uma conversa que bate de frente com aspectos fundamentais de nossas identidades pessoais, familiares e culturais? Algumas organizações e figuras públicas temem perder o *momentum* e o apoio que se esforçaram tanto para conquistar. Algumas temem ser acusadas de hipocrisia. Algumas temem que tirar a atenção dos combustíveis fósseis destruiria décadas de esforços para lutar contra o superpoder global que é a chamada *Big Oil*, a indústria do petróleo.

A política e a psicologia do ativismo são relevantes. Cada argumento é essencialmente uma história, e certas histórias (Rosa Parks) funcionam melhor do que outras (Claudette Colvin). Às vezes é melhor esconder uma realidade difícil para que, ao final de um processo, as pessoas voltem a ela. Mas o quão verdadeira é uma verdade inconveniente que omite um dos maiores fatores que levaram à nossa crise planetária, que também acaba sendo o mais fácil de se corrigir? E se vencer a guerra mais importante que jamais lutaremos — a batalha pela nossa vida, pela vida em si — dependesse de uma ação coletiva que, relativamente à escala da nossa guerra, é proporcional ao ato de apagar as luzes à noite? Não deveríamos pelo menos falar sobre isso? Mesmo para quem tem fé, rezar para que as pessoas tenham forças para mudar não é um ato insuficiente até que as mudanças em questão sejam explicadas?

As nossas formas de enfrentar a crise planetária não estão funcionando. Al Gore merece seu Prêmio Nobel da Paz, mas a mudança que ele inspirou não é suficiente nem de longe — um fato que ele mesmo admite em *Uma verdade mais inconveniente*. As instituições ambientalistas merecem nosso apoio, mas suas conquistas também nem chegam perto de serem suficientes. Qualquer um que tenha conhecimento da ciência envolvida concordará que estamos fazendo pouco demais, devagar demais, e que o caminho em que estamos leva à nossa própria destruição.

De acordo com uma estimativa, o uso de eletricidade é responsável por 25% das emissões anuais de gases de efeito estufa. A agricultura é responsável por outros 24%, e a maior parte disso vem do cultivo de pasto. A manufatura também é responsável por 24%. Transporte: 14%. Prédios: 6%. Diversas outras fontes são responsáveis pelo restante. Todas essas emissões precisam cair para zero,[87] o que depende de inovação e cooperação — um feito que vai ser impossível se não começarmos a falar sobre cada um dos setores que contribuem para a crise.

Manter o aquecimento global abaixo de 2 graus Celsius é a meta do Acordo de Paris. Visto como um objetivo ambicioso, isso é o limiar de um cataclismo. Ainda que, por um milagre, consigamos alcançá-la[88] — modelos estatísticos estimam uma possibilidade de 5% de isso ocorrer — ainda viveremos em um mundo muito menos habitável do que este que conhecemos, e muitas das mudanças desencadeadas serão, na melhor das hipóteses, irreversíveis, e, na pior, autoamplificadoras. Se conseguirmos vencer esses enormes obstáculos e limitar o aquecimento global a 2 graus:

- O nível do mar vai aumentar em cerca de 50 centímetros,[89] inundando litorais em todo o mundo.[90] Dhaka (população de 18 milhões), Karachi (15 milhões), Nova York (8,5 milhões) e dezenas de outras metrópoles ficarão efetivamente inabitáveis, e estima-se que 143 milhões de pessoas se tornarão imigrantes climáticos.[91]
- Haverá um aumento estimado de 40% em conflitos armados decorrentes da mudança climática.[92]
- A Groenlândia entrará em degelo irreversível.[93]
- Entre 20 e 40% da Amazônia será destruída.[94]

- A onda de calor europeia de 2003[95] — que custou mais de 70 mil vidas e 13 bilhões de euros em perdas na agricultura e levou os rios Pó, Reno e Loire a baixas históricas — será a norma anual.
- A mortalidade humana aumentará drasticamente[96] por causa de ondas de calor, enchentes e secas. Haverá aumento considerável de casos de asma e outras doenças respiratórias. O número de pessoas sujeitas à malária aumentará[97] em muitas centenas de milhões.
- Quatro milhões de pessoas sofrerão com a escassez de água.[98]
- Oceanos mais quentes vão causar danos irreversíveis a 99% dos recifes de coral, destruindo ecossistemas de 9 milhões de espécies.[99]
- Metade das espécies animais será extinta.[100]
- 60% de todas as espécies de plantas serão extintas.[101]
- As colheitas de trigo diminuirão em 12%; de arroz, em 6,4%; de milho, em 17,8% e de soja, em 6,2%.[102]
- Estima-se que o PIB global per capita vá diminuir em 13%.[103]

Esses são alguns dos números deprimentes em questão, mas seu impacto emocional possivelmente não vai sobreviver ao final desta frase. Isto é, o futuro horroroso que eles descrevem vai ser entendido pela maioria dos leitores deste livro e alguns poucos vão acreditar nesse cenário. Estou compartilhando esses números com a esperança de que vocês acreditem neles. Mas eu não acredito.

Alcançar a meta do Acordo de Paris e viver no mundo descrito acima é visto como *a melhor das hipóteses*. Os poucos especialistas[104] que acham que temos uma chance realista de alcançar essas metas estão ou se enganando ou, mais provável, usando o otimismo como arma para aumentar nossas chances. Mesmo que conseguíssemos, de alguma maneira, apagar todas as luzes e banir todos os automóveis, a verdade é que, sem fazer a mudança que as pessoas, assim como Gore, sabem qual é, mas não mencionam, nós temos *zero chance*.

Quando eu era garoto, meu pai me disse que a melhor forma de se livrar de uma abelha não era correr, enxotá-la ou ficar parado, mas sim fechar os olhos e contar até dez. "Sempre funciona", ele disse. "E se não funcionar, conte até vinte." Funcionava, mas conselhos que funcionam nem sempre são bons conselhos.

Há uma série de assuntos sobre os quais minha família não falava quando eu era mais novo, principalmente os traumas do Holocausto que ainda reverberavam. Quem é que nos condenaria por fechar os olhos até que a ameaça fosse embora? Tenho minha própria família agora e os assuntos que eu mesmo evito. Não me culpo por querer proteger meus filhos (e a mim mesmo) contra a dor. Esses atos de cegueira teimosa são atos de amor. Mas vou ter de aceitar a culpa, sim, se o fato de eu fechar os olhos acabar permitindo que uma dor ainda maior se alastre, da mesma forma que vou ter de aceitar a culpa se um dia for diagnosticado com uma doença que teria sido tratável se eu tivesse ido ao médico antes de os sintomas aparecerem. Eu me vejo como uma pessoa que se cuida, em termos de saúde, mas não faço um exame físico há anos. Assim como você, eu me vejo de muitas formas, como se pensar assim sobre mim tornasse isso realidade. Nesse meio tempo, enquanto eu penso — enquanto você pensa, enquanto nós pensamos —, nossas ações e inações criam e destroem o mundo.

*

Imagine a cena: mais de 150 mil soldados invadindo as praias da Normandia. É a maior invasão anfíbia já feita. Até mesmo na época, esse é um momento reconhecido como ponto de inflexão na história. A operação está ocorrendo agora,[105] 6 de junho de 1944, porque é preciso estar sob a Lua cheia por causa da maré e da iluminação. O plano dos Aliados para a invasão envolveu a criação de mais de 17 milhões de mapas, o treinamento de 4 mil novos cozinheiros para alimentar os homens, a construção de uma cópia das defesas costeiras nazistas para simulações e a manufatura de centenas de bonecos costurados,[106] às vezes usando botas e capacetes, ou equipados com gravações de tiros e explosões a serem depositadas em vários locais para dividir a atenção dos alemães. Os soldados chafurdando na praia vieram de uma dúzia de países. Eles não devem ter menos do que 18 e nem mais do que 41 anos, embora homens mais novos e mais velhos tenham se alistado com documentos falsificados. As embarcações seguem em frente, liberando cerca de duzentos homens de cada vez na tormenta de guerra.

O pai de uma criança aperta o gatilho de seu rifle, ouve o estrondo do tiro. Ele não sabe que era um cartucho de festim.

Um soldado judeu de Pittsburgh dá dez tiros de festim por segundo usando uma metralhadora M1919.

A mão do professor de piano treme tão forte que não consegue dar o primeiro tiro com uma pistola também carregada com cartucho de festim.

O jogador favorito de alguém atira uma granada tão mortal quanto uma bola de beisebol.

A baioneta montada no rifle de brinquedo do filho de alguém tem uma ponta cega.

Por causa do caos do campo de batalha, e porque a experiência de cada soldado o consome totalmente, e porque cada um *se sente* como se estivesse lutando, ninguém se dá conta de que *apenas* se sente como se estivesse lutando — que sua eficiência enquanto soldado é a mesma que a de um dos bonecos descendo do céu de paraquedas.

*

Feche os olhos e conte até dez.

INACREDITÁVEL

Conselhos que parecem funcionar nem sempre funcionam.

Na última vez em que fechei os olhos para afastar uma abelha, ela me picou na pálpebra. Meu olho inchou e não queria abrir. Como se o pai daquela abelha tivesse dito que a melhor forma de se livrar de um humano era pousar em seu olho fechado.

Nós que carregamos

O General Eisenhower preparou uma declaração para ler caso a invasão do Dia D tivesse recebido resposta à altura:

> Nossos desembarques na área de Cherbourg-Havre não foram capazes de nos assegurar uma boa base de operação, e, por isso, recolhi as tropas. A minha decisão de partir para o ataque neste momento e local foi baseada nas melhores informações disponíveis. As tropas, as forças aéreas e a Marinha fizeram tudo o que a coragem e a devoção ao dever exigem. Se há qualquer culpa ou falha nessa tentativa, sou eu que as carrego.

Sobre seus históricos passos na Lua, Neil Armstrong disse:

> Quando centenas de milhares de pessoas estão todas fazendo seu trabalho um pouco melhor do que precisam fazer, o que acontece é uma melhora no desempenho. E essa é a única razão pela qual conseguimos fazer tudo isto.

Dê as cartas

Este é um livro sobre os impactos no meio ambiente causados pela agricultura voltada à alimentação animal. E, ainda assim, consegui escamotear esse dado pelas 72 páginas anteriores. Me distanciei do assunto pela mesma razão que Gore e outros o fizeram: receio de fazer uma má jogada. Evitei o tema até mesmo enquanto criticava a conduta de Gore — jamais mencionei aquilo que ele não mencionou. Tive certeza, assim como certamente Gore teve, de que essa era a estratégia correta. Conversas sobre carne, laticínios e ovos deixam as pessoas na defensiva. Isso as irrita. Nenhuma pessoa que não seja vegana sente vontade de tocar no assunto, e o excesso de vontade dos veganos de falar sobre isso pode ser um repelente ainda mais forte. Mas não teremos a menor chance de enfrentar a mudança climática se não pudermos falar com honestidade sobre o que a causou, assim como sobre o potencial e os limites de reagir a ela. Às vezes, é preciso escrever "punho" no punho, então vou dar nome aos bois: não é possível salvar o planeta sem reduzir significativamente nosso consumo de produtos de origem animal.

Este livro é um argumento a favor de uma ação coletiva para mudar nossos hábitos alimentares. Essa mudança se resume em: nenhum produto de origem animal antes do jantar. É difícil apresentar esse argumento, tanto porque é um assunto muito carregado quanto por causa do sacrifício envolvido. A maioria das pessoas gosta do aroma e do sabor da carne, de laticínios e de ovos. A maioria das pessoas dá valor aos papéis que os produtos de origem animal têm em suas vidas e não está preparada para adotar novas identidades alimentares. A maioria das pessoas come produtos de origem animal em quase todas as refeições desde a infância, e é difícil mudar hábitos que duram a vida toda, mesmo quando não estão imbuídos de prazer e identidade. Esses são desafios significativos, não somente dignos de serem considerados, mas nos quais devemos prestar atenção. Mudar nossa maneira de comer é algo simples se comparado a converter o sistema de geração de energia mundial ou suplantar a influência de lobistas poderosos contra a aprovação de leis que determinam impostos sobre gás carbônico, ou mesmo ratificar um importante tratado internacional sobre emissões de gases de efeito estufa — mas não é simples.

Quando eu tinha trinta e poucos anos, passei três anos pesquisando pecuária industrial e escrevi um manifesto de repúdio a ela em forma de livro chamado *Comer animais*. Depois passei quase dois anos dando palestras, entrevistas e realizando leituras sobre o assunto, defendendo que não se deve comer carne industrializada. Então seria muito mais fácil para mim não mencionar que, em períodos difíceis nos últimos dois anos — enfrentando passagens pessoais dolorosas, viajando pelo país para promover um romance quando eu estava no pior momento para fazer autopromoção —, eu comi carne algumas vezes. Em geral, hambúrgueres. Frequentemente em aeroportos. O que significa carne precisamente do tipo de indústria contra a qual me opus com maior veemência. E a minha razão para fazer isso torna a minha hipocrisia ainda mais patética: me dava uma sensação de conforto. Já imagino esta confissão provocando alguns comentários irônicos e olhos revirados, e, ainda, algumas acusações triunfantes de fraudulência. Outros leitores podem achar que isso é genuinamente perturbador — escrevi muito, e apaixonadamente, sobre como a indústria pecuarista tortura os animais e destrói o meio ambiente. Como é que eu pude defender uma mudança radical, como pude ter criado meus filhos como vegetarianos enquanto comia carne porque me dava uma *sensação de conforto*?

Queria ter encontrado esse conforto em outro lugar — em algo que passasse uma sensação de conforto duradoura e que não fosse um anátema, considerando minhas convicções —, mas eu sou quem eu sou e fiz o que fiz. Até mesmo enquanto escrevia este livro, e tendo meu compromisso com o vegetarianismo — motivado pela questão do bem-estar animal — aumentado pela consciência de seu impacto ambiental, raramente houve um dia em que eu não tenha sentido desejo de comer carne. Algumas vezes, me perguntei se minha crescente rejeição intelectual à carne alimentou um crescente desejo de consumi-la. Por outras vezes, simplesmente tive de lidar com o fato de que, embora ações sejam, pelo menos em parte, influenciadas pela vontade, os desejos não são. Seja qual for a causa, experimentei uma versão do conhecimento-sem-crença de Felix Frankfurter e isso me levou a momentos de real dificuldade e, às vezes, de extrema hipocrisia. Sinto uma vergonha quase insuportável de compartilhar isso. Mas é preciso fazê-lo.

Enquanto estava promovendo meu livro *Comer animais*, as pessoas frequentemente me perguntavam por que não sou vegano. Os argumentos contra ovos e laticínios baseados no bem-estar animal e no meio ambiente são os mesmos que contra a carne, e até mais fortes. Às vezes, me escondia por trás dos desafios de cozinhar para duas crianças com suas frescuras. Às vezes, distorcia a verdade e me descrevia como "efetivamente vegano". Na realidade, eu não tinha uma resposta, a não ser aquela que era vergonhosa demais para ser dita em voz alta: meu desejo de comer queijo e ovos era mais forte do que meu compromisso de evitar a crueldade contra os animais e a destruição do meio ambiente. Encontrei algum alívio para essa tensão dizendo para outras pessoas fazerem aquilo que eu mesmo não conseguia.

Confrontar minha hipocrisia me lembrou do quanto é difícil viver — até mesmo tentar viver — de olhos abertos. Saber que vai ser difícil ajuda a tornar os esforços possíveis. *Esforços*, não esforço. Não consigo imaginar um futuro em que eu decida me tornar comedor de carne novamente, mas não consigo imaginar um futuro em que eu não queira comer carne. Comer com consciência vai ser uma das dificuldades que perpassam e definem minha vida. Eu entendo essa dificuldade não como expressão da minha incerteza sobre a maneira correta de comer, mas em função da complexidade que é se alimentar.

Não alimentamos apenas a nossa barriga, e não modificamos nossos apetites de acordo com princípios, como se isso fosse simples. Nós comemos para satisfazer desejos primitivos, para forjar e expressar quem somos, para praticar um senso de pertencimento à comunidade. Nós comemos com nossas bocas e estômagos, mas também com nossas mentes e corações. Todas as minhas diferentes identidades — pai, filho, americano, novaiorquino, progressista, judeu, escritor, ambientalista, viajante, hedonista — estão presentes quando me alimento, assim como a minha história. Quando escolhi me tornar vegetariano, aos nove anos de idade, minha motivação era simples: não machucar os animais. Ao longo dos anos, as minhas motivações mudaram — porque as informações disponíveis mudaram, porém, mais importante ainda, porque a minha vida mudou. Como imagino que seja o caso para a maioria das pessoas, ficar mais velho multiplicou o número de identidades que levo comigo. O tempo suaviza os binarismos éticos e permite uma apreciação maior daquilo que poderia ser chamado de "a bagunça da vida".

Se eu tivesse lido essas últimas frases durante o ensino médio, teria dado de ombros e achado tudo um saco sem fundo de balelas egocêntricas — *bagunça da vida?* — e teria me decepcionado profundamente com a pessoa frouxa em que me tornaria. Que bom que eu era essa pessoa, e espero que outros jovens tenham o mesmo idealismo inflexível. Mas que bom que sou quem eu sou hoje em dia, não porque é mais fácil, mas porque há um diálogo mais fluente com o meu mundo, que é diferente do mundo que habitei 25 anos atrás.

Existe um ponto de intersecção entre o que é da conta da nossa vida pessoal e o que é da conta da vida de 7 bilhões de terráqueos. E talvez pela primeira vez na história, a expressão "do meu tempo" faça pouco sentido. A mudança climática não é um quebra-cabeça na mesa de centro, que fica ali para ser montado pouco a pouco na medida em que o tempo permite e que bate vontade. É uma casa pegando fogo. Quanto mais tempo levarmos para lidar com ela, mais difícil vai ser de resolver, e por causa de ciclos de retroalimentação positiva — gelo branco derretendo, virando água escura que absorve mais calor; pergelissolo se descongelando e liberando quantidades descomunais de metano, um dos piores gases de efeito estufa — nós vamos chegar rápido a um ponto de inflexão que é o da "mudança climática desenfreada". Então não vamos mais poder nos salvar, seja lá o que for feito.

Não temos esse luxo de viver no nosso tempo. Não podemos cuidar da nossa vida como se ela fosse só nossa. De uma forma que não se aplicava aos nossos antepassados, as vidas que vivemos criarão um futuro que não tem como ser desfeito. Imagine se a história fosse diferente e Lincoln não tivesse abolido a escravatura em 1863 e, por isso, os Estados Unidos estivessem condenados a manter a instituição do escravismo até o fim dos tempos. Imagine se o direito de duas pessoas do mesmo sexo de se casarem dependesse totalmente e eternamente da conversão de Obama em 2012. Quando falava de progresso moral, Obama frequentemente citava a declaração de Martin Luther King de que "o arco do universo moral é longo, mas ele se curva em direção à justiça". Neste momento sem precedentes, o arco corre o risco de se quebrar irreparavelmente.

Existem várias passagens decisivas da Bíblia em que Deus pergunta às pessoas onde elas estão. As duas mais citadas são quando ele encontra Adão escondido depois de comer o fruto proibido e diz "Onde estás?" e quando ele chama Abraão antes de lhe pedir para sacrificar o próprio filho. É claro que um Deus onisciente sabe onde suas criações estão. Suas perguntas não se referem à localização de um corpo no espaço, mas sim à localização do eu dentro de uma pessoa.

Temos nossa versão moderna disso. Quando recordamos momentos em que a história pareceu estar acontecendo diante de nossos olhos — Pearl Harbor, o assassinato de John F. Kennedy, a queda do Muro de Berlim, o 11 de Setembro — nosso reflexo é perguntar a outras pessoas onde elas estavam nesses momentos. No entanto, assim como Deus na Bíblia, não estamos realmente tentando estabelecer quais eram as coordenadas de cada pessoa. Estamos perguntando algo mais profundo sobre sua conexão com aquele momento, na esperança de localizar nossa própria conexão.

A palavra "crise" deriva do grego *krisis*, que significa "decisão".

Embora ela seja uma experiência universal, nós não sentimos que fazemos parte desse acontecimento que é a crise ambiental. Sequer parece que ela é um acontecimento. E, apesar do trauma de um furacão, um incêndio, da fome ou da extinção, é improvável que um acontecimento climático vá inspirar uma pergunta do tipo "Onde você estava quando..." em pessoas que não o viveram — ou, quem sabe, nem mesmo em quem passou por ele. É só o clima. É só o meio ambiente.

Mas as futuras gerações certamente vão olhar para trás e se perguntar onde nós estávamos no sentido bíblico: onde estava o nosso senso de quem somos? Que decisões essa crise inspirou? Por que cargas d'água — por que *cargas d'água* — escolhemos nos suicidar e sacrificá-los?

Uma resposta seria alegar que a decisão não era nossa: por mais que nos importássemos, não podíamos fazer nada. Não sabíamos

com o que estávamos lidando na época. Sendo meros indivíduos, não tínhamos as condições materiais de fazer qualquer mudança efetiva. Não éramos donos das empresas de petróleo. Não éramos nós que elaborávamos as políticas governamentais. Talvez poderíamos argumentar, como faz Roy Scranton em seu ensaio do *New York Times* "Raising My Child in a Doomed World" ["Criando meu filho em um mundo desenganado"][107], que "nós tínhamos a mesma liberdade para escolher nosso modo de vida que para quebrar as leis da física". A capacidade de nos salvar, e de salvá-los, não estava em nossas mãos.
Mas isso seria mentira.

*

Embora só informação não seja o suficiente — sem crença, saber é *só saber* —, ela é algo necessário para se tomar uma boa decisão. Saber das atrocidades dos nazistas não abalou a consciência de Felix Frankfurter, mas, sem a consciência, não haveria razão para que lhe perguntassem, ou para que ele se perguntasse "Onde estás?". Saber é a diferença entre um erro grave e um crime imperdoável.

Em relação à mudança climática, viemos nos apoiando em informações perigosamente incorretas. Nossa atenção tem se fixado em combustíveis fósseis, o que nos deu uma ideia incompleta do que é a crise planetária e nos levou a sentir que estamos jogando pedras em um Golias muito longe do alcance. Ainda que só os fatos não sejam convincentes o suficiente para mudar nosso comportamento, eles podem nos fazer mudar de ideia, e é aí onde temos de começar. Nós sabemos que temos de fazer alguma coisa, mas *temos de fazer alguma coisa* é geralmente uma expressão de incapacidade, ou pelo menos de incerteza. Sem identificar o que é isso que temos de fazer, não temos como decidir fazer nada.

A próxima parte deste livro vai corrigir o cenário explicando a conexão entre a agricultura animal e a mudança climática. Condensei o que poderia ter sido centenas de páginas de prosa em um punhado de fatos, os mais essenciais. E não incluí narrativas complementares importantes — os outros tipos de destruição que a indústria pecuarista causa no meio ambiente, como poluição das águas, zonas oceânicas mortas e perda de biodiversidade; a crueldade que é fundamental à agricultura animal contemporânea; os efeitos sociais e médicos de se comer quantidades sem precedentes de carne, laticínios e ovos. Este livro não é uma explicação abrangente da mudança climática, e não é um argumento categórico contra comer produtos de origem animal. É o exercício de encontrar uma decisão que a nossa crise planetária demanda de nós.

A palavra "decisão" deriva do latim *decidere*, que significa "separar". Quando decidimos apagar as luzes durante a guerra, nos recusamos a sentar no fundo do ônibus, fugimos do *shtetl* com o sapato da irmã, erguemos um carro de cima de uma pessoa presa, abrimos caminho para a ambulância, voltamos de Detroit para casa dirigindo à noite, nos levantamos para uma *ola*, tiramos uma *selfie*, participamos de um teste de medicamento, comparecemos a uma ceia de Ação de Graças, plantamos uma árvore, esperamos na fila para votar ou comemos uma refeição que reflete nossos valores — também estamos decidindo nos separar dos mundos possíveis em que não podemos fazer essas coisas. Toda decisão envolve perdas, não somente daquilo que poderíamos ter feito em outra situação, mas do mundo para o qual nossa ação alternativa teria contribuído. Muitas vezes, essa perda é pequena demais para ser percebida; às vezes, ela parece grande demais para ser suportada. Em geral, simplesmente não pensamos em nossas decisões nesses termos. Vivemos em uma cultura de aquisição sem precedentes históricos que, com muita frequência, nos pede e dá permissão para comprar. Somos levados a nos definir pelas coisas que temos: posses, dólares, opiniões e *likes*. Mas o que mostra quem somos é aquilo de que abrimos mão.

A mudança climática é a maior crise que a humanidade já enfrentou, e é uma crise que, ao mesmo tempo, sempre se contemplará em conjunto e se enfrentará sozinho. Não temos como manter o tipo de alimentação com que estamos acostumados e também manter o planeta com que estamos acostumados. Temos de abandonar alguns hábitos alimentares ou abandonar o planeta. É simples assim.

Onde você estava quando tomou sua decisão?

II. COMO EVITAR A GRANDE AGONIA

Graus de mudança

- Entre 100 mil e 10 mil anos atrás, mastodontes, mamutes, lobos terríveis, tigres-dentes-de-sabre e castores gigantes circulavam em um mundo de gelo. A temperatura média global[108] era de quatro a sete graus Celsius mais baixa do que a atual.

- Cinquenta milhões de anos atrás,[109] o Ártico estava coberto por florestas tropicais. Crocodilos, tartarugas e jacarés viviam nas florestas polares dos atuais Canadá e Groenlândia. Pinguins de 100 quilos se requebravam pela Austrália e palmeiras prosperavam no Alasca. Não havia calotas polares. Os mares da Antártida eram mornos o suficiente para se tomar banho, e, na vizinhança da linha do equador, o oceano tinha a temperatura de uma banheira de hidromassagem. A Terra era entre cinco a oito graus Celsius mais quente do que é agora.

- Da mesma forma como ocorre com nossa temperatura corporal, uns poucos graus podem fazer a diferença entre saúde e crise.

A primeira crise

- Houve cinco extinções em massa. Todas menos a que matou os dinossauros foram causadas por mudanças climáticas.

- A extinção em massa mais letal[110] aconteceu há 250 milhões de anos, quando erupções vulcânicas liberaram uma quantidade de gás carbônico suficiente para aquecer os oceanos em cerca de 10 graus Celsius, acabando com 96% da vida marinha e 70% da vida terrestre. Esse evento é conhecido como a Grande Agonia.

- Muitos cientistas chamam a era geológica[111] que vai da Revolução Industrial até o presente de Antropoceno, o período em que a atividade humana foi a influência dominante sobre a Terra.

- Estamos agora passando pela sexta extinção em massa, frequentemente chamada de extinção do Antropoceno.

- Levando em conta os mecanismos naturais que influenciam o clima,[112] a atividade humana é responsável por 100% do aquecimento global que vem ocorrendo desde o início da Revolução Industrial, em cerca de 1750.

- A atual mudança climática é a primeira a ser causada por um animal e não por um evento natural.

- A sexta extinção em massa é a primeira crise climática.

O primeiro cultivo

- Se a história da humanidade fosse de um só dia, teríamos sido caçadores e coletores até mais ou menos dez para meia-noite.

- Os humanos representam 0,01% da vida na Terra.[113]

- Desde o advento da agricultura, aproximadamente 12 mil anos atrás, os humanos já destruíram 83% de todos os mamíferos selvagens e metade de todas as plantas.

Nosso planeta é uma fazenda

- Globalmente, humanos usam 59% de toda a terra cultivável para o plantio de alimento para gado.[114]

- Um terço de toda a água potável que os humanos usam[115] vai para o gado, enquanto somente cerca de um terço é usado em residências.[116]

- 70% dos antibióticos produzidos globalmente são usados em gado, enfraquecendo a eficácia dos antibióticos para tratamento de doenças humanas.[117]

- 70% de todos os mamíferos na Terra são animais criados para a alimentação.

- Existem aproximadamente trinta animais criados para pecuária para cada humano no planeta.[118]

O nosso crescimento populacional é radical

- Antes da Revolução Industrial,[119] a expectativa média de vida na Europa era de cerca de 35 anos. Agora é de cerca de oitenta.

- A população humana levou 200 mil anos[120] para chegar a 1 bilhão, mas somente mais duzentos anos para atingir a 7 bilhões.

- Todo dia, nascem 360 mil pessoas[121] — mais ou menos o equivalente à população de Florença, na Itália.

Nosso cultivo é radical

- Em 1820, 72% da força de trabalho americana estava diretamente envolvida com a agricultura.[122] Hoje em dia, é 1,5%.

- Assim como o console de videogame,[123] a agropecuária industrial foi uma invenção dos anos 1960. Antes disso, animais para consumo eram criados ao ar livre em concentrações sustentáveis.

- Entre 1950 e 1970,[124] o número de fazendas americanas caiu pela metade, o número de pessoas empregadas em agropecuária também e o tamanho médio das fazendas duplicou. Nessa época, o tamanho da galinha média também duplicou.[125]

- Em 1966, lentes de contato que distorcem a imagem foram inventadas para dificultar que galinhas vissem seu ambiente cada vez mais antinatural, diminuindo assim o estresse, que causava ataques de bicadas e canibalismo.[126] Os fazendeiros começaram a achar que as lentes davam trabalho demais,[127] então debicadores — que queimam a extremidade do rosto das galinhas — se tornaram a norma na indústria.

- Em 2018, mais de 99% dos animais consumidos nos Estados Unidos foram criados em fazendas industriais.[128]

Nossa alimentação é radical

- O nível atual de consumo de carne e laticínios equivale a cada pessoa viva no planeta no ano de 1700 comer 430 quilos de carne e beber 4,5 litros de leite todo dia.[129]

- Há 23 bilhões de galinhas vivendo na Terra. A massa total dessas galinhas é maior do que a de qualquer outro tipo de pássaro em nosso planeta. Humanos comem 65 bilhões de galinhas por ano.[130]

- Em média, americanos consomem duas vezes a quantidade recomendada de proteína.[131]

- As pessoas cuja alimentação tem alto teor de proteína animal têm quatro vezes mais chance de morrer de câncer do que aquelas cuja alimentação tem baixo teor de proteína animal.[132]

- Fumantes têm três vezes mais chance de morrer de câncer do que não fumantes.[133]

- Nos Estados Unidos, uma em cada cinco refeições é consumida dentro de um carro.[134]

Nossa mudança climática é radical

- Estamos, no momento, na glaciação Quaternária, um período com camadas de gelo continentais e polares. Esses períodos são mais conhecidos como eras do gelo.[135]

- De acordo com modelos de mudanças climáticas cíclicas, a Terra deveria estar passando por um período de ligeiro esfriamento.[136]

- Nove dos dez anos mais quentes de que se tem registro ocorreram desde que o primeiro vídeo do YouTube, *Me at the Zoo*, foi publicado, em 2005.[137]

- Durante a Grande Agonia, uma série de vulcões na Sibéria produziu lava o suficiente para cobrir os Estados Unidos com uma camada equivalente a três Torres Eiffel.[138]

- Humanos agora estão jogando gases de efeito estufa na atmosfera dez vezes mais rápido do que os vulcões jogaram durante a Grande Agonia.[139]

Por que gases de efeito estufa são relevantes

- A luz do Sol passa pela atmosfera e aquece a Terra. Uma parte desse calor é refletida de volta para o espaço. Os gases de efeito estufa na atmosfera prendem parte do calor que é refletido de volta, da mesma forma que o cobertor isola o calor do corpo.

- A vida na Terra depende dos gases de efeito estufa.[140] Sem eles, a temperatura média da Terra seria próxima de -17 graus Celsius em vez 15 graus Celsius.

- O gás carbônico (CO_2) perfaz 82% dos gases de efeito estufa emitidos pela atividade humana. A maior parte é emitida pela indústria, pelo transporte e pelo uso de eletricidade.[141]

- Pelos 800 mil anos anteriores à Revolução Industrial[142], a concentração de gases de efeito estufa em nossa atmosfera permaneceu estável. Desde a Revolução Industrial, a concentração de CO_2 na atmosfera aumentou em cerca de 40%.[143]

- Metano e óxido nitroso são o segundo e o terceiro gases de efeito estufa mais comuns na atmosfera. A agricultura para a criação de animais é responsável por 37% das emissões antropogênicas de metano e 65% das emissões antropogênicas de óxido nitroso.[144]

- Entre o advento da agropecuária industrial na década de 1960 e o ano de 1999, a concentração de óxido nitroso cresceu duas vezes mais rápido e a concentração de metano cresceu seis vezes mais rápido do que jamais haviam crescido durante qualquer período de quarenta anos nos últimos 2 mil anos.

A mudança climática é uma bomba-relógio

- Diferentes cientistas do clima calcularam diferentes prazos para o corte das emissões de gases de efeito estufa. Essas informações, em geral, são formuladas como "Temos X anos para resolver a mudança climática".

- A mudança climática não é uma doença que pode ser controlada, como a diabetes; é um evento como um tumor canceroso que tem de ser removido antes que as células se multipliquem fatalmente. O planeta é capaz de lidar com uma taxa limitada de aquecimento antes que ciclos de retroalimentação positiva criem uma "mudança climática desenfreada".

- Um dos ciclos de retroalimentação mais poderosos é o chamado efeito albedo.[145] As capas de gelo branco refletem a luz do sol de volta para a atmosfera. Os oceanos escuros absorvem a luz do sol. Quando o planeta se aquece, há menos gelo para refletir a luz do sol e maior superfície de oceano escuro e de terra para absorvê-la. Os oceanos se aquecem, o que acelera o derretimento do gelo.

- A ex-secretária executiva da comissão sobre o clima da ONU, Christiana Figueres, disse que temos até 2020 para evitar limiares de temperatura que levam a uma mudança climática desenfreada e irreversível.[146]

Como a mudança climática é uma bomba-relógio, nem todos os gases de efeito estufa têm a mesma importância

- O metano tem um potencial de aquecimento global, o *Global Warming Potential* (GWP) — ou a capacidade de reter calor — 34 vezes maior do que o do CO_2 no intervalo de um século.[147] No espaço de duas décadas, o metano é 86 vezes mais poderoso. Se o CO_2 fosse a espessura de um cobertor comum, imagine o metano como um cobertor mais espesso do que a altura do jogador de basquete americano LeBron James.

- O óxido nitroso tem GWP 310 vezes maior do que o CO_2. Imagine um cobertor tão espesso que você poderia cometer suicídio pulando de cima dele.

- Quando as emissões globais são calculadas, converte-se os gases de efeito estufa em equivalentes do gás carbônico (CO_2e). Os cálculos, em geral, são baseados em uma escala de tempo de cem anos. Isso significa que uma tonelada métrica de metano deve ser contada como 34 toneladas métricas de CO_2 em uma análise geral de gases de efeito estufa.

- Podemos imaginar nossa atmosfera como um orçamento e nossas emissões como gastos: como o metano e o óxido nitroso são gastos significativamente maiores em termos de efeito estufa do que o gás carbônico no curto prazo, são eles que devem ser cortados com maior urgência. Como são primariamente criados por nossas escolhas alimentares, também são os mais fáceis de cortar.[148]

Por que o desmatamento é relevante

- Árvores são "escoadouros de carbono", o que significa que elas absorvem CO_2.

- Imagine uma banheira se enchendo de água. Se o ralo estiver fechado, a banheira encherá mais rápido. A capacidade de fotossíntese da Terra é parecida:[149] humanos já estão lançando gases de efeito estufa na atmosfera em uma taxa que excede a habilidade da Terra de regulá-los, mas a vegetação, no momento, armazena uma quantidade substancial de CO_2, cerca de um quarto das emissões antropogênicas,[150] ou uma quantidade mais ou menos equivalente a meio século de emissões liberadas no mesmo ritmo que o atual.

- Quanto mais florestas destruímos, mais perto chegamos de fechar o ralo.[151]

- Permitir que terras tropicais usadas para o gado sejam revertidas em florestas poderia, no momento, mitigar mais do que a metade de todos os gases de efeito estufa antropogênicos.[152]

- Árvores são 50% carbono.[153] Assim como o carvão, elas liberam suas reservas de CO_2 quando são queimadas.

- As florestas contêm mais carbono do que todas as reservas exploráveis de combustíveis fósseis.[154]

- Cortar e queimar florestas gera pelo menos 15% das emissões globais de gases de efeito estufa por ano.[155] De acordo com a *Scientific American*,[156] "a maioria dos estudos diz que o desmatamento de florestas tropicais libera mais dióxido de carbono na atmosfera do que a soma de todos os carros e caminhões nas estradas no mundo".

- Cerca de 80% do desmatamento ocorre para preparar terreno para pasto ou plantar espécies vegetais para ração de gado.[157]

- Todo ano, incêndios na Califórnia criam mais emissões de gases de efeito estufa do que as políticas ambientais progressistas do estado conseguem cortar.[158]

- A queimada de florestas equivale a abrir a torneira enquanto se entope o ralo.

Nem todo desmatamento tem a mesma relevância

- Em 2018, o Brasil elegeu Jair Bolsonaro para presidente.

- Bolsonaro incluiu em sua campanha um plano de desenvolvimento em áreas protegidas da Amazônia (isto é, desmatamento).

- Estima-se que a política de Bolsonaro liberaria 13,2 gigatons de gás carbônico[159] — mais do que duas vezes as emissões anuais dos Estados Unidos.

- A agricultura animal é responsável por 91% do desmatamento da Amazônia.[160]

A agricultura animal é causadora da mudança climática

- Na medida em que digerem o alimento,[161] bovinos, cabras e ovelhas produzem uma quantidade significativa de metano, que, em sua maior parte, é expelido via eructação, mas também como respiração, flatos e pelo estrume.

- A principal fonte de emissões de metano é a pecuária.[162]

- O óxido nitroso é emitido por urina e estrume de gado e também pelos fertilizantes usados para o cultivo de espécies para ração.[163]

- A pecuária é a principal fonte de emissões de óxido nitroso.[164]

- A agricultura animal é a principal causa do desmatamento.[165]

- De acordo com a Convenção-Quadro das Nações Unidas sobre a Mudança do Clima,[166] se as vacas fossem um país, estariam em terceiro lugar em termos de emissão de gases de efeito estufa, depois da China e dos Estados Unidos.

A agricultura animal é uma/a causa principal da mudança climática

- Ao analisar a contribuição geral da agricultura animal para as emissões de gases de efeito estufa, as estimativas variam dramaticamente, dependendo do que se inclui no cálculo.

- A Organização das Nações Unidas para Agricultura e Alimentação (FAO)[167] afirma que a pecuária é uma das causas principais da mudança climática, responsável por aproximadamente 7,516 milhões de toneladas de emissões de CO_2 por ano, ou 14,5% das emissões globais anuais.

- O cálculo da FAO inclui o CO_2 emitido quando florestas são derrubadas para plantação voltada a ração animal e pasto, mas não leva em conta o CO_2 que essas florestas deixam de absorver (imagine um seguro de vida que cobre os custos do enterro, mas não a perda dos salários futuros). Entre outras coisas que não estão incluídas nesse cálculo está o CO_2 exalado por animais criados, apesar de que, nas palavras de um dos especialistas em análises ambientais, "a pecuária (assim como os automóveis) é uma invenção e conveniência humana, não é parte de épocas anteriores ao homem, e uma molécula de CO_2 exalada por gado não é mais natural do que a que sai do escapamento de um automóvel."[168]

- Quando pesquisadores no Worldwatch Institute incluíram as emissões que a FAO ignorou, eles estimaram que a pecuária é responsável por 32 milhões e 564 mil de toneladas de CO_2e por ano, ou 51% das emissões globais anuais — mais do que todos os carros, aviões, prédios, usinas de energia elétrica e a indústria juntos.

- Não sabemos com certeza se a agricultura animal é *uma* das causas principais da mudança climática ou *a* causa principal da mudança climática.

- Sabemos com certeza que não é possível enfrentar a mudança climática sem confrontar a agricultura animal.

Vai ser impossível desarmar a bomba-relógio sem reduzir nosso consumo de produtos de origem animal

- Cientistas estimam que, para manter o aquecimento global igual ou abaixo a 2 graus Celsius — a meta do Acordo de Paris —, nossa meta de emissões de CO_2 é de 565 gigatoneladas até 2050.[169]

- De acordo com um relatório recente da Universidade Johns Hopkins sobre o papel da dieta no controle do clima,[170] "se as tendências globais de consumo de carne e laticínio permanecerem, é mais do que provável que o aumento médio da temperatura global passe dos 2°C, mesmo com reduções dramáticas de emissões nos setores não voltados para a agricultura".

- Os esforços domésticos durante a Segunda Guerra Mundial não foram em si suficientes para alcançar a vitória, mas não teria sido possível alcançar a vitória sem os esforços domésticos. Mudar nossa alimentação pode não ser em si suficiente para salvar o planeta, mas não é possível salvar o planeta sem mudar nossa alimentação.

Nem todas as ações são iguais

- As estimativas mais otimistas sugerem que[171], mesmo contando com cooperação internacional, a conversão global a energia eólica, hidrelétrica e solar levaria mais de vinte anos e demandaria um investimento de centenas de trilhões de dólares.

- Hans Joachim Schellnhuber, diretor do Instituto de Pesquisa em Impacto Climático de Potsdam, afirma: "Os números são de uma clareza brutal: embora o mundo não possa ser curado nos próximos anos, talvez já esteja fatalmente ferido por negligência [antes de] 2020."[172]

- Ajustado de acordo com a inflação, o custo global da Segunda Guerra Mundial foi de 14 trilhões de dólares.

- As quatro coisas de maior impacto[173] que uma pessoa sozinha pode fazer para combater a mudança climática são: ter uma alimentação à base de plantas, evitar viajar de avião, abrir mão de carro e ter menos filhos.

- Dessas quatro ações, somente a alimentação à base de plantas é uma resposta imediata ao metano e ao óxido nitroso, os gases de efeito estufa que devem ser combatidos com maior urgência.

- A maior parte das pessoas não está no processo de decidir se terá filhos.

- 85% dos americanos vão para o trabalho de carro.[174] Poucos motoristas podem simplesmente decidir parar de usar seus carros.

- Para os americanos, 29% das viagens de avião em 2017 foram por motivos de trabalho, e 21% foram por "motivos pessoais não relacionados a lazer". As empresas devem passar a usar mais comunicação remota, viagens "pessoais não relacionadas a lazer" devem ser reduzidas e voos pessoais a lazer podem e devem ser cortados, mas o fato é que uma boa parte das viagens aéreas é inevitável.[175]

- Todo mundo, em algum dado momento, vai fazer uma refeição dentro de relativamente pouco tempo e pode participar imediatamente da inversão da mudança climática.

Nem todo alimento é igual

- Quantidade em quilos de CO_2e para uma porção de cada alimento:[176]

  Carne de boi: 2,99
  Queijo: 1,11
  Porco: 0,78
  Aves: 0,57
  Ovos: 0,40
  Leite: 0,32
  Arroz: 0,07
  Legumes: 0,04
  Cenoura: 0,03
  Batata: 0,01

- Ficar sem comer produtos de origem animal no café da manhã e no almoço gera uma pegada de carbono menor do que a dieta vegetariana média em tempo integral.[177]

Como evitar a Grande Agonia

- Para alcançar a meta de 2 graus do Acordo de Paris, o limite de emissão de CO_2e que cada indivíduo pode ter não deve passar de 2,1 toneladas métricas até 2050.[178]

- Embora cidadãos de países diferentes tenham pegadas de CO_2e dramaticamente diferentes[179] — a média nos Estados Unidos é de 19,8 toneladas métricas por ano, a média na França[180] é de 6,6 toneladas métricas por ano e a média em Bangladesh[181] é de 0,29 toneladas métricas por ano —, a média da pegada de CO_2e do cidadão global[182] é de aproximadamente 4,6 toneladas métricas por ano.

- Deixar de comer produtos de origem animal no café da manhã e no almoço gera uma economia de 1,3 toneladas métricas por ano.[183]

III. ÚNICA CASA

Mapeando nossa visão

Chegou um ponto em que os habitantes de Marte não podiam mais negar o aquecimento de seu planeta ou a escala da destruição que estava por vir. Em uma última tentativa desesperada de preservar sua civilização, eles construíram vastos canais conectando os polos do planeta à grande extensão de terra arrasada que cobria o resto da superfície. O degelo anual das camadas de gelo polares produziria a água necessária para o cultivo de alimentos suficientes para a sobrevivência de pelo menos mais uma geração.

Essa última luta contra a extinção foi documentada pelo astrônomo Percival Lowell a partir de seu observatório particular em Flagstaff, no Arizona, ao final de século XIX. Lowell não era charlatão — ele foi eleito membro da Academia Americana de Artes e Ciências e é reconhecido por encabeçar os esforços que culminaram na descoberta de Plutão —, mas, dado que as "características não naturais" de Marte não podiam ser observadas por nenhum outro astrônomo em sua época, essa teoria, que cativou a imaginação do público, foi rejeitada pela comunidade científica. Ele continuou a observar e fazer desenhos meticulosos dos canais marcianos, e continuou a insistir, até sua morte, em 1916, que eles eram as últimas tentativas heroicas de salvação de uma civilização à beira da morte.

Não foi Lowell que começou essa busca pelos canais marcianos. Em 1877, o astrônomo italiano Giovanni Schiaparelli relatou ter observado *canali* em Marte, o que inaugurou uma busca entre astrônomos de língua inglesa por características não naturais na superfície do planeta. Lowell foi o único que confirmou as observações de Schiaparelli. Mas acontece que a palavra italiana *canali* significa canais no sentido de canal geográfico, natural (e existem muitos em Marte), e não no sentido de canal construído por humanos, e foi traduzido incorretamente para o inglês.

Quando uma sonda Mariner da NASA capturou as primeiras fotografias da superfície do planeta, em 1965, a existência dos canais foi refutada conclusivamente. Se Marte um dia já foi habitado por vida inteligente,[184] ou essa civilização apagou os sinais de que passou por ali, ou as evidências foram apagadas pelo tempo — que é o que os cientistas dizem que será o nosso caso, cerca de 20 mil anos depois do desaparecimento da humanidade da face da Terra.

Mas foi preciso mais quarenta anos para explicar o que Lowell estivera observando e documentando aquele tempo todo.

*

Estou sentado ao lado da cama da minha avó enquanto escrevo estas palavras. Ela mora com meus pais tem alguns anos depois de uma passagem por um lar de idosos, algo que foi muito estressante para ela. Hoje em dia, passa a maior parte do dia dormindo. Minha mãe me diz que minha avó pede para a acordarem quando recebe visitas. Isso vai contra muitos instintos que eu tenho — de nunca acordar um bebê que está dormindo, nunca acordar uma avó à beira da morte —, mas, nesse caso, eu ajo de acordo com o que sei e não com o que sinto. O sorriso dela se levanta junto com as pálpebras, como se conectado por fios.

ÚNICA CASA

Ela está tão presente mentalmente quanto sempre esteve. Apesar de — ou por causa de — haver tanta coisa ainda a ser falada, parece que não temos assunto. Então, na maior parte do tempo, ficamos sentados ali em silêncio. Às vezes ela fica acordada, às vezes volta a dormir. Às vezes eu desço para ficar com meus pais enquanto ela descansa. Às vezes, como é o caso agora, eu fico aqui. Uma das maneiras de passar o tempo aqui tem sido dirigir pela cidade, pelos bairros e lugares onde eu cresci: o restaurante do Sr. L não existe mais; a drogaria Higgers já era; a livraria Politics and Prose passou para o outro lado da rua e se espalhou que nem um império; o parque da escola Sheridan foi tomado por novas salas de aula; o parque Fort Reno ainda está lá, mas a banda Fugazi já acabou.

Tudo tem o tamanho errado. O "morrão" onde meu irmão e eu competíamos para ver quem ia conseguir descer de bicicleta sem frear é, no máximo, um declive suave. O caminho para a escola, que, na minha memória, durava quase uma hora, é de só seis quarteirões. Mas a própria escola, que eu me lembro como sendo pequena, é enorme — muito maior do que a escola que meus filhos frequentam agora. O meu senso de dimensão não é distorcido para mais ou para menos, mas é seriamente distorcido.

A coisa mais estranha de reencontrar foi a casa em que morei nos meus primeiros nove anos de vida. Nesse caso, não eram as dimensões físicas que estavam distorcidas, mas sim a dimensão emocional. Eu tinha certeza de que sentiria grandes emoções ao visitá-la pela primeira vez em décadas, mas não foi muito mais do que interessante, e me dei por satisfeito em ir embora depois de dez minutos.

Alguns anos atrás, um artista fez uma série de longas entrevistas com cada um dos meus irmãos e comigo, desenterrando memórias da casa onde moramos juntos na infância. *Qual era a cor da porta da frente? O que se vê ao entrar? O piso é exposto ou coberto? Tem mais ou menos quantas escadas? Como são os corrimões? As janelas têm algum tipo de cortina? Quantas lâmpadas tem a luminária?* (ela fez todas as perguntas no presente). Depois, ela nos mostrou três plantas diferentes da casa, correspondendo às nossas memórias. As discrepâncias foram espantosas: diferentes configurações dos espaços, escalas diferentes e até um número diferente de andares. Como isso pôde acontecer? Não era uma construção qualquer em que entramos umas poucas vezes. Era a casa em que fomos criados. Talvez esse experimento tenha provado que a memória é ainda menos confiável do que suspeitamos, ou que estávamos ocupados demais sendo crianças para prestar atenção. Mas uma possibilidade muito mais preocupante é a de que o lar — algo que entendemos como essencial às histórias que inventamos e às histórias nas quais acreditamos — não é nem de longe tão poderoso quanto assumimos. Talvez o lar, no fim das contas, seja somente um lugar.

*

Depois da queda do Império Romano, plantas exóticas brotaram pelo chão tingido de sangue do Coliseu; plantas que não se via em lugar algum da Europa. Elas tomaram as balaustradas, estrangularam as colunas, cresceram sem trégua. Por um tempo, o Coliseu foi o maior jardim botânico do mundo, embora não intencional. As sementes tinham sido transportadas nas peles de touros, ursos, tigres e girafas que vinham de milhares de quilômetros de distância para serem abatidos pelos gladiadores. As plantas preencheram a ausência do Império Romano.

Quando eu e minha avó fazíamos caminhadas no parque durante o fim de semana, ela tirava um momento de descanso em cada um dos bancos — uma maneira mais precisa de descrever aquelas horas de domingo provavelmente seria: descansos de domingo pontuados por momentos de caminhada. Geralmente, ficávamos sentados em silêncio. Às vezes, ela me dava conselhos de vida: "Case-se com alguém um pouco menos inteligente do que você", "Se apaixonar por uma pessoa rica é tão fácil", "Se pagou pelo pão na cesta, leve-o com você." Mais de uma vez, ela colocou sua mão enorme no meu joelho e me disse: "Você é minha vingança."

Essa declaração sempre me deixou confuso, e cheguei a várias interpretações com o passar dos anos. "Vingança" vem do latim *vindicare*, que significa "libertar" ou "reivindicar". Libertar algo novamente. Reivindicar. A maior vingança contra um genocídio feito para erradicar alguém, erradicar seu povo, é criar uma família. A maior vingança contra uma força que tenta lhe prender ou tomar para si é se libertar novamente, reivindicar sua vida. Talvez, quando ela olhava para os filhos e netos e bisnetos, ela visse algo como um Coliseu cheio de vida pujante, colorida, distinta, espetacular precisamente por sua improbabilidade. Se enfrentarmos a crise ambiental agora, o florescimento da vida no futuro que teremos viabilizado — reivindicado, libertado — talvez tenha esse mesmo semblante.

*

Foi somente em 2003 que se descobriu por completo o que Lowell estava vendo e documentando em todos aqueles anos. Sherman Schultz, um optometrista aposentado, notou que as modificações que Lowell havia feito em seu telescópio o transformaram em algo bastante parecido com a ferramenta usada para detectar cataratas. A abertura minúscula, que Lowell achou que fornecia uma imagem mais clara dos planetas que ele estava observando, projetava sombras dos vasos capilares e manchas volantes presentes no vítreo de seu olho na retina, tornando-as visíveis para ele. Por acidente, Lowell pegou uma ferramenta que foi inventada para revelar as coisas que estão mais distantes do olho do observador e a alterou para revelar as coisas que estão mais próximas. Ele nasceu pouco depois da Revolução Industrial — o período em que a humanidade ocidental mais impôs sua própria visão sobre a Terra e a alterou para sempre.

Os mapas que Lowell desenhou do planeta com uma civilização à beira da morte eram mapas de estruturas e imperfeições em seus próprios olhos.

A casa onde eu cresci não encolheu, nem as mãos da minha avó. Assim como Lowell, eu entendo de forma errônea fenômenos que observo como mudanças externas em vez de internas. Até mesmo aqueles entre nós que aceitam a mudança climática como fato negam nossa contribuição pessoal para que ela exista. Acreditamos que a crise ambiental seja causada por grandes forças externas e por isso só pode ser resolvida por grandes forças externas. Mas reconhecer que somos responsáveis pelo problema é o começo da tomada de responsabilidade em prol de uma solução.

O planeta vai se vingar de nós, ou então nós seremos a vingança do planeta.

Nossa casa é quase sempre imperceptível

Estou no Brooklyn, sentado no chão do quarto do meu filho enquanto digito estas palavras. Ele quase não passa tempo acordado aqui, e por isso, a não ser quando estou guardando roupas limpas, eu também não passo. E é por conta disso que ainda consigo detectar as diferenças sutis de cheiro que esse quarto tem em relação ao resto da casa: o mofo quase imperceptível da série Landmark Books que ele herdou do tio, o sabonete e o xampu que só existem no banheiro dele, os aromas de bicho de pelúcia dos ursos, porcos e tigres que ele ganhou em aniversários, parques de diversão ou que recebeu em troca de dentes.

Já aconteceu com você de, de repente, tomar consciência do cheiro que tem a sua casa? Talvez depois de voltar de uma viagem longa? Ou porque uma visita mencionou? Sob circunstâncias normais, somos literalmente incapazes de sentir o cheiro do lugar onde moramos — sentir o cheiro de qualquer coisa com que estejamos acostumados. De acordo com a psicóloga cognitiva Pamela Dalton,[185] depois de somente duas inspiradas, "os receptores em nosso nariz meio que se desligam". Depois que decidimos que um odor não faz mal, paramos de prestar atenção nele. Compre um aromatizador de ambientes e veja se depois de uma semana você não estará se perguntando se ele funciona. Essa adaptação rápida ao cheiro é provavelmente evolucionária: em vez de gastar nossa atenção com algo que sabemos que é seguro, podemos direcionar nossos recursos para detectar estímulos novos e potencialmente perigosos em nosso meio ambiente. Muitos biólogos evolucionistas acreditam que isso se desenvolveu a partir da necessidade de detectar quando a carne não estava mais própria para consumo.

Parece mentira que esse fenômeno possa se aplicar à visão e à audição também — que paramos de ouvir alguma coisa depois de alguns segundos ou que paramos de ver —, mas é exatamente isso que acontece. Embora não seja tão drástica quanto é com o cheiro, a adaptação sensorial se aplica a todos os sentidos. As pessoas que moram perto de canteiros de obras tendem a não ouvir a barulheira. Quando você põe a mão em um cachorro, primeiro sente o calor e a pelagem, mas depois de não mais do que uns minutos, você nem se dá conta de que está tocando em alguma coisa. O céu fica em meu campo de visão pela maior parte do dia, mas fora os momentos em que dirijo minha atenção deliberadamente para alguma coisa — quando a Lua surge à luz do dia, ou quando vejo um arco-íris —, sou capaz de me esquecer de que o céu sequer está ali. O que está sempre ali deixa de estar.

Para a maioria das pessoas, a casa é o lugar mais familiar, menos ameaçador. Por causa disso, também é o lugar em que temos menos capacidade de perceber as coisas com precisão.

Vislumbres de casa

Você tem de chegar a pelo menos 32 mil quilômetros de distância da Terra para conseguir vê-la como um globo.[186] A Blue Marble ["Bola de Gude Azul"] não foi a primeira fotografia da Terra, mas a primeira da esfera toda iluminada. A foto que veio a ser uma das imagens mais reimpressas e reconhecíveis não só *da* Terra, mas *na* Terra, foi tirada em um impulso mais ou menos ilícito. "Sessões de fotos eram programadas num plano de voo rigoroso que detalhava cada passo essencial ao sucesso",[187] escreveu o cineasta Al Reinert. "O próprio filme era estritamente racionado, assim como tudo o que entrava naqueles voos perigosos; havia 23 cartuchos para as câmeras Hasselblad de 70 milímetros, 12 coloridos e 11 preto e brancos, todos destinados a trabalho sério de documentação. Eles também não deveriam estar olhando pela janela."

A Apollo 17 foi a última missão tripulada à Lua,[188] e quando a equipe chegou ao seu destino, coletou o maior número de amostras lunares até então. Mas as imagens da Terra acabaram sendo sua mais duradoura contribuição à humanidade. Como disse o astronauta da Apollo 8, William Anders[189] — o homem que tirou "Earthrise" ["Nascer da Terra"], uma foto que precedeu "The Blue Marble"—, "viajamos toda essa distância para explorar a Lua, e a coisa mais importante que descobrimos foi a Terra".

Muitos atribuíram o crescimento do movimento ambientalista a essas primeiras fotografias da terra.[190] Alguns dizem que foi a aparente fragilidade capturada pelas imagens — o planeta solitário, sem apoio, suspenso no escuro — que inspirou um desejo coletivo de protegê-lo.

Os astronautas ficaram profundamente emocionados, e transformados, pela visão da Terra a partir do espaço. Não foi quando pousou na Lua que Alan Shepard chorou, mas quando olhou de volta para seu planeta natal.[191] A experiência é tão poderosa e consistente entre astronautas que ganhou um nome, o efeito *overview* (visão de cima).

Duas coisas provocam sentimentos de reverência: a beleza e a vastidão.[192] É difícil imaginar qualquer coisa mais bela e vasta, a ponto de ser transformadora, do que o planeta visto do espaço, especialmente porque parece estar enquadrado por um vazio escuro e infinito. Talvez seja a mais clara ilustração que temos de interconexão, de evolução da vida, de tempo profundo e do infinito. Dessa perspectiva, o "meio ambiente" não é mais um ambiente, um conceito, um contexto, lá longe, fora de nós. Ele é tudo, e inclui a nós.

O efeito *overview* muda as pessoas.[193] Um dos astronautas da Apollo se tornou pastor depois de voltar à Terra. Outro começou a praticar meditação transcendental e se dedicou ao voluntariado. Outro, Edgar Mitchell, fundou o Institute of Noetic Sciences, que pesquisa a consciência humana.[194] "Na viagem de volta para casa", disse Mitchell, "contemplando os quase 400 mil quilômetros de espaço em direção às estrelas e ao planeta de onde venho, tive uma experiência repentina do Universo como inteligente, amoroso, harmônico."

Desde que Yuri Gagarin se tornou o primeiro homem no espaço em 1961, somente 567 pessoas viram nossa casa a olho nu.[195] A maioria dos astronautas só viu a Terra parcialmente encoberta por sombra, e a raridade de testemunhar o planeta totalmente iluminado é possivelmente o que motivou o tripulante da Apollo 17 a fotografá-lo. De acordo com o engenheiro espacial Isaac DeSouza, "Podemos chamar 540 [agora 567] pessoas tendo uma experiência direta do espaço de novidade. Um milhão de pessoas, chamamos de movimento. Um bilhão e teremos uma revolução em como o planeta vê a Terra".[196] Por esse motivo, ele se tornou um dos cofundadores da SpaceVR, uma *start-up* que pretende colocar um satélite equipado com câmeras de realidade virtual de alta resolução em órbita. O objetivo da empresa: "oferecer a todas as pessoas do mundo a experiência do 'efeito *overview*'."[197]

Sobre essa possibilidade, o pesquisador Johannes Eichstaedt, da University of Pennsylvania, comentou:[198] "É extremamente difícil modificar comportamentos, então descobrir uma coisa cujo efeito é tão profundo e tão reprodutível, isso deveria fazer os psicólogos se aprumarem nas cadeiras e se perguntarem o que é isso exatamente e como podemos fazer mais vezes [...] No fim, o que importa é como induzir essas experiências. Elas ajudam as pessoas, de certa forma, a serem mais adaptáveis, se sentirem mais conectadas, a recontextualizar os problemas."

Descrevendo essa experiência não virtual do efeito *overview*, o astronauta Ron Garan disse:[199] "Senti uma torrente tanto de emoção quanto de consciência. Mas quando olhei a Terra lá embaixo — esse oásis belíssimo e frágil, essa ilha que ganhamos de presente, e que protegeu todas as formas de vida da crueldade do espaço — uma tristeza me tomou e levei um soco no estômago dessa contradição inegável e desanimadora."

Que contradição? Que o planeta nos protege da crueldade do espaço, mas nós não o protegemos da nossa crueldade? Que, embora todo mundo saiba que vivemos na Terra, só acredita nisso quem sai dela?

Vislumbres de nós mesmos

Os primeiros óculos, feitos em Pisa, são de cerca de 1290.[200] Uma década depois, em Veneza, o espelho de vidro convexo foi inventado — provavelmente uma descoberta acidental, ligada ao desenvolvimento das lentes usadas nos óculos. Os raros espelhos que existiam antes eram opacos, imprecisos e distorciam a imagem. Assim como uma jornada à Lua nos permitiu enxergar nosso planeta, uma invenção feita para nos ajudar a ver outras pessoas acabou nos permitindo ver a nós mesmos.

Embora as primeiras imagens da Terra tenham inspirado seus habitantes a protegê-la, alavancando o movimento ambientalista, os primeiros reflexos claros de nossos ancestrais os inspiraram a entender a si mesmos. Já no ano de 1500, uma pessoa rica poderia adquirir um espelho. "Na medida em que o século XIV foi chegando ao final e as pessoas começaram a se ver como membros *individuais* de suas comunidades", escreve o historiador Ian Mortimer, "eles começaram a dar ênfase ao seu relacionamento *pessoal* com Deus. É possível ver essa transformação refletida em devoção religiosa. Se, em 1340, um homem rico construísse uma capela para cantar missas para sua alma, ele decoraria o interior com pinturas religiosas como a adoração dos Magos. Por volta de 1400, se o descendente do fundador dessa capela a redecorasse, ele mandaria pintar seu próprio rosto como um dos Magos." A popularidade do espelho de vidro[201] também precipitou um aumento na prática do autorretrato (que pode ser considerado precursor da *selfie*) e de romances em primeira pessoa, e intensificou reflexões pessoais em cartas.

Quando bebês começam a reconhecer seu reflexo, eles primeiro o evitam, se distanciam e depois sentem vergonha, talvez em uma perfeita explicação do termo "consciente de si".[202]

São poucas as espécies não humanas que se sabe serem capazes de reconhecer o próprio reflexo no espelho. Elas incluem orca, golfinho, grandes macacos, elefante e algumas espécies de corvo. Um novo integrante dessa lista é uma espécie de peixinho minúsculo chamada bodião limpador, o *cleaner wrasse*, assim batizado porque se alimenta de muco, parasitas e de pele morta de peixes maiores.[203] Em geral, os cientistas testam o reconhecimento no espelho colocando um pontinho no rosto do animal e observando se o animal interage com ele, se faz a conexão entre o próprio rosto e o reflexo. Para testar o *cleaner wrasse*, os cientistas colocaram peixes individuais em aquários com espelhos. Primeiro, os peixes se tornaram agressivos e atacaram seus reflexos. "Mas, eventualmente", segundo a *National Geographic*, "esse comportamento deu lugar a algo muito mais interessante." Os peixes começaram a "se aproximar de seus reflexos de ponta-cabeça, ou nadavam rapidamente em direção ao espelho mas paravam antes de tocá-lo. Nessa fase, dizem os pesquisadores, os peixinhos estavam 'testando contingências' — interagindo diretamente com seus reflexos e talvez começando a entender que estavam olhando para si mesmos e não outros *wrasse*". Depois que os peixes se acostumavam com o espelho, os cientistas injetavam em alguns indivíduos um gel colorido que ficava visível debaixo da pele — uma mudança que só poderiam detectar se olhassem para seus reflexos. Alguns receberam um gel que não mudava em nada a pele, e outros receberam o gel colorido, mas não tinham espelho. "Os peixes com gel transparente não se arranharam e nem os com o gel colorido e sem espelho. Somente quando o peixe conseguia ver a marca colorida no espelho era que eles tentavam se arranhar para tirá-la, o que sugere que reconheceram seu reflexo como o próprio corpo."

Os *cleaner wrasse* vivem nos tipos de coral que serão extintos se conseguirmos alcançar os objetivos do Acordo de Paris e o aquecimento global for de apenas 2 graus.[204]

*

Cerca de uma década depois de "The Blue Marble" ter circulado pelo globo, apareceram evidências incontestáveis do aquecimento global antropogênico. Em 1988, o cientista da NASA James Hansen deu um testemunho perante o Conselho para Energia e Recursos Naturais do Senado dos EUA. "O aquecimento global", ele disse, "chegou a um tal nível que podemos determinar com alto grau de segurança que existe uma relação de causa e efeito entre o efeito estufa e o aquecimento observado." Seu testemunho ajudou a introduzir o termo "aquecimento global" no vernáculo americano. Naquele mesmo ano, o então candidato a presidente George H. W. Bush, um ambientalista autoproclamado, deu um discurso em Michigan, na capital do automóvel dos Estados Unidos, em que disse:[205] "Nossa terra, nossa água e nosso solo são o suporte de uma quantidade admirável de atividades humanas, mas eles têm seus limites e temos de nos lembrar de tratá-los não só como algo que está presente, mas sim como um presente. Essas questões não têm a ver com ideologia e nem têm fronteiras políticas. Não estamos falando de algo liberal nem conservador." Ele se comprometeu a "combater o efeito estufa usando o efeito Casa Branca".[206] Naquele ano, 42 senadores — dos quais, cerca de metade era republicana — exigiram "que Reagan faça um chamado internacional por um tratado que siga o acordo da camada de ozônio".[207]

Vale revisitar o acordo da camada de ozônio, pelo menos porque a existência dele demonstra que é possível haver cooperação ambiental em nível internacional. Assinado em 1987, ele foi chamado de Protocolo de Montreal, e sua versão original determinava que os países desenvolvidos tinham de começar a diminuir a emissão de clorofluorcarbonetos — compostos danosos à camada de ozônio encontrados em refrigerantes e dispositivos aerossol — em 1993 e atingir uma redução de 50% até 1998. Também se determinou que era preciso cortar a produção e o consumo de halons, compostos usados em extintores de incêndio que danificam a camada de ozônio. De acordo com a EPA: "Por causa das medidas tomadas sob o Protocolo de Montreal, as emissões de SDOs (substâncias destruidoras da camada de ozônio) estão diminuindo e espera-se que a camada de ozônio esteja completamente recuperada mais ou menos na metade do século XXI."[208]

Cerca de seis anos antes do testemunho de James Hansen perante o Congresso[209] e depois de uma década de investimento em pesquisa sobre mudança climática, a Exxon passou a navalha em seu orçamento destinado à investigação de como as emissões de gás carbônico de combustíveis fósseis afetaria o planeta, reduzindo-o em 83%. E então a indústria de combustíveis fósseis lançou uma campanha de desinformação, produzindo relatórios falsos que, se fossem acatados, isentariam os Estados Unidos de ter de fazer uma autocrítica dolorosa. Em seu artigo investigativo "Losing Earth: The Decade We Almost Stopped Climate Change" ["Perdendo A Terra: a década em que quase impedimos a mudança climática"], Nathaniel Rich escreve:[210] "É uma verdade irrefutável que os funcionários de alto escalão da companhia que viria a ser a Exxon, assim como seus pares em outras grandes corporações de petróleo e gás, já sabiam dos perigos da mudança climática desde a década de 1950. Mas a indústria automobilística sabia, também, e começou a fazer suas próprias pesquisas no início dos anos 1980, assim como os grandes grupos comerciais que representam o sistema de energia elétrica. É de todos eles a responsabilidade por nossa atual paralisia, que inclusive tornaram mais dolorosa do que o necessário. Mas não fizeram tudo isso sozinhos. O governo dos Estados Unidos sabia... todo mundo sabia."

E, no entanto, nossa reação foi evitar, tomar distância e depois sentir vergonha. Nós estávamos — e, de certa forma, ainda estamos — nos estágios iniciais de desenvolvimento no que diz respeito a examinar nosso impacto no planeta: bebês se reconhecendo no espelho.

Nos primeiros cem dias da presidência de George W. Bush — 13 anos depois do discurso de seu pai em Michigan —, ele voltou atrás em uma promessa de campanha de regular emissões de termelétricas a carvão e retirou os Estados Unidos do tratado global de Kyoto sobre a mudança climática. Sua justificativa foi tão significativa quanto a própria retirada: ele citou dúvidas científicas. Bush promete que a "política sobre mudança climática de [sua] administração terá bases científicas".[211] Naquele mesmo ano, ele estabeleceu a U.S. Climate Change Research Initiative ["Iniciativa de Pesquisa sobre Mudança Climática dos EUA"],[212] que tinha como uma das prioridades investigar "áreas de incerteza" nos estudos sobre a mudança climática. No discurso em que discorria sobre os motivos que os Estados Unidos tinham para não participarem do Protocolo de Kyoto, Bush disse:[213] "Nós não sabemos que efeito as flutuações naturais do clima exerceram sobre o aquecimento. Não sabemos o quanto nosso clima pode ou vai mudar no futuro. Não sabemos em que velocidade a mudança vai acontecer e nem como algumas de nossas ações podem exercer impacto sobre ela."

Nos Estados Unidos, é mais fácil do que nunca para a esquerda colocar a culpa na direita por nossa negligência ambiental,[214] especialmente agora que temos um presidente que encolhe florestas nacionais, abre terras protegidas para os interesses petroleiros, transforma a Agência de Proteção Ambiental em uma Agência de Proteção do

Combustível Fóssil, tenta desfibrilar a indústria do carvão, retira a proteção federal dos recursos hídricos e sai do Acordo de Paris. Mas essa culpabilização também pode ser uma forma de dar as costas aos nossos próprios reflexos. Embora sua administração tenha conquistado algum progresso ambiental,[215] Obama não foi capaz de fazer avanços em termos de legislação ambiental durante os dois primeiros anos de seu mandato, quando ele tinha um Congresso democrata. Recentemente, colegiados supostamente progressistas não foram capazes de fazer coisa alguma em relação à mudança climática:[216] Washington não aprovou um imposto sobre o gás carbônico e o Colorado se recusou a diminuir projetos envolvendo petróleo e gás. No exterior, os franceses juntaram quantidades enormes de pessoas para protestar contra um imposto sobre a gasolina.[217] Depois de três semanas de protestos violentos, Emmanuel Macron anunciou que o imposto seria suspenso.

Sinais de progresso como uma coalizão de líderes americanos comprometidos em atingir os objetivos do Acordo de Paris sem a ajuda do governo federal chamado We Are Still In ["Ainda Estamos Comprometidos"], movimentos como The Last Plastic Straw ["O Último Canudo de Plástico"] e Meatless Mondays ["Segunda Sem Carne"], impostos sobre sacolas de plástico, e até o plano de ação da China contra a poluição e a mudança climática para 2020 — será que tudo isso é um teste de contingências? Estaríamos somente fazendo experiências de como nosso comportamento afeta os reflexos, assim como fez o peixinho antes de conectar uma coisa à outra? Somente começando a entender que estamos olhando para nós mesmos e não para governos ou corporações? Esses são os primeiros passos, certamente, mas são nada mais do que passinhos. Precisamos fazer uma maratona para correr atrás de mudanças.

Quase cinquenta anos depois de os astronautas da Apollo 17 terem tirado a foto "The Blue Marble"[218] e quase trinta anos depois do testemunho de James Hansen sobre a mudança climática, os

Estados Unidos elegeram um presidente que publicou mais de cem tuítes declarando seu ceticismo em relação à mudança climática, incluindo estes:

> Nós deveríamos focar em ter uma atmosfera limpa e saudável, e não nos distrair com a farsa dispendiosa que é a mudança climática!

> Eles dizem "mudança climática" agora porque as palavras "aquecimento global" não convenceram ninguém. São as mesmas pessoas se esforçando pra continuar nessa!

> Essa merda cara que é o AQUECIMENTO GLOBAL precisa parar. Nosso planeta está congelando, recordes de baixas temperaturas, e nossos cientistas de AG estão presos no gelo.

Como deve ser nossa reação a essas declarações? Raiva? Terror? Confronto? Elas me dão um tipo de raiva primal que só sinto quando alguém coloca meus filhos em perigo.

Mas essas reações estão fora de lugar.

Existe uma forma muito mais perniciosa de negacionismo científico do que a de Trump: a forma que desfila por aí em forma de aceitação. Aqueles dentre nós que sabem o que está acontecendo, mas não fazem quase nada para ajudar, esses merecem muito mais ser alvo dessa raiva. Deveríamos ter pavor de nós mesmos. Nós somos aqueles a quem temos de confrontar. O autorreconhecimento nem sempre indica autoconsciência, segundo os críticos do teste do espelho. Eu sou a pessoa que está colocando meus filhos em perigo.

Hipotecando nossa casa

"Estou convencido de que os humanos precisam ir embora da Terra", disse Stephen Hawking. "A Terra está se tornando pequena demais para nós, nossos recursos físicos estão sendo sugados em uma velocidade alarmante."[219]

A GFN, Global Footprint Network ["Rede Global da Pegada Ecológica"], é um consórcio de cientistas, acadêmicos, ONGs, universidades e instituições de tecnologia que mede a pegada ecológica humana. Ao medir quanto de recursos naturais é preciso para produzir aquilo que consumimos, assim como a quantidade de gases de efeito estufa emitida, a GFN calcula um orçamento que nos informa o quanto estamos vivendo dentro dos nossos padrões.[220] A resposta depende totalmente de o que se entende por "nós". Se os 7,5 bilhões de pessoas no planeta tivessem as mesmas necessidades e consumissem tanto quanto um bengalês médio, precisaríamos de uma Terra do tamanho da Ásia para viver de forma sustentável — nosso planeta seria mais do que o suficiente para nós.[221] A Terra é aproximadamente do tamanho justo para o abastecimento do orçamento chinês — apesar de serem os modelos de vilania ambiental, os chineses, no momento, conseguiram alcançar o equilíbrio correto. Para que todo mundo vivesse como um americano, precisaríamos de pelo menos quatro planetas Terra.

De acordo com a GFN, o final dos anos 1980 marcou o fim da capacidade da Terra de fornecer o suficiente para as demandas dos terráqueos. Daquele ponto em diante, temos vivido naquilo que se pode chamar de dívida ecológica — gastando em um ritmo insustentável. A GFN estima que, até a década de 2030, teremos alcançado o ponto de precisar de uma segunda Terra para satisfazer nossas necessidades.

A maioria dos leitores deste livro tem de lidar com algum tipo de dívida, seja estudantil, de pagamento de carro, de cartão de crédito ou um financiamento de moradia (73% dos consumidores americanos têm dívidas pendentes quando morrem).[222] Quando estão analisando uma proposta de empréstimo, os bancos consultam a relação dívida-renda (DTI — *debt-to-income ratio*) do cliente. A maioria dos consultores financeiros considera saudável uma relação dívida-renda de 36% ou menor. É improvável que qualquer pessoa que tem uma DTI maior do que 45% consiga um empréstimo no banco (uma parte importante da Lei Dodd-Frank, em resposta à crise financeira de 2008, foi a regra de financiamento aprovado, que estipulou que os mutuários precisam ter uma DTI de 43% ou menos para ter um pedido de empréstimo aprovado). A humanidade tem uma DTI de 150%, o que significa que estamos consumindo recursos naturais em uma velocidade 50% maior do que a capacidade da Terra de renová-los.[223]

A expressão "hipotecando o futuro de nossos filhos" foi usada em muitos contextos, desde reduções de impostos que produzem dívida até uma falta de investimento em infraestrutura. Alguém vai ter de pagar por nossas escolhas, nós que temos conhecimento, mas não acreditamos. Nós também estamos hipotecando o futuro de nossos filhos com estilos de vida que vão criar calamidades ambientais no futuro. Inclusive, 21 jovens já entraram com ações constitucionais "sobre o clima" contra o Governo Federal americano,[224] declarando que "por causa das ações afirmativas do governo que causam a mudança climática, este violou os direitos constitucionais à vida, à liberdade e à propriedade da geração mais jovem e também deixou de proteger recursos essenciais de consórcio público". O governo Trump tentou intervir e recusar o processo, mas o Supremo Tribunal votou unanimemente a favor dos jovens requerentes e permitiu que o processo prosseguisse.

O sonho americano é ter uma vida melhor do que a dos pais — melhor, acima de tudo, no sentido da abundância. Os meus avós viveram em uma casa maior e de maior valor do que a dos pais deles. Meus pais moram em uma casa maior e de maior valor do que a dos pais deles. Eu moro em uma casa maior e de maior valor do que a dos meus pais. Essa definição de "ter o suficiente" como "ter mais" é a mentalidade que criou tanto os Estados Unidos quanto o aquecimento global. Ela é problemática em qualquer medida, e a autodestruição está embutida nesse modelo, porque nada pode crescer para sempre. Muitos economistas alegam que os *millennials* são a primeira geração de americanos desde a Grande Depressão que está financeiramente pior do que seus pais.[225]

Eu e minha avó tínhamos o hábito de organizar moedas dentro de rolinhos de papel para levar ao banco e trocar por notas; se saíssemos com cinco dólares, estávamos ricos. Quando ia ao supermercado, ela comprava alimentos com preços promocionais como se estivesse fazendo compras não só para a família viva mas também para todos os parentes mortos. Quando ela me levava para tomar café da manhã — só em ocasiões especiais — ela comprava dois *bagels*, um com *cream cheese*, e transferia metade do *cream cheese* para o *bagel* simples. E quando ela se aposentou, depois de décadas de jornadas diárias de 12 horas administrando mercearias de esquina, ela tinha mais de meio milhão de dólares em poupança. Ela não estava guardando aquele dinheiro todo para deixar para os filhos e os netos. Ela simplesmente queria ter certeza de que jamais teria de usar o nosso dinheiro — de que ninguém jamais teria de pagar por cuidados com ela.

Meus bisavós moravam em uma casa de madeira sem encanamento, e, nas noites mais frias, dormiam no chão da cozinha, ao lado do fogão. Eles jamais teriam acreditado nas coisas que eu tenho: um carro que uso por conveniência e não por necessidade, uma despensa cheia de alimentos importados de todo o planeta, uma casa com quartos que sequer são usados diariamente. E meus netos também não vão acreditar, embora a descrença deles vá ter um espírito diferente: como é que você pôde viver nesse luxo e ter deixado para nós uma conta impossível de pagar — impossível até de sobreviver?

Dívidas causadas por reduções de impostos podem ser negociadas. Infraestrutura deteriorada tem conserto ou pode ser substituída. Até mesmo muitas formas de dano ambiental — zonas oceânicas mortas, poluição da água, perda de biodiversidade, desmatamento — podem ser e já foram, em muitos casos, revertidas. Mas, no que diz respeito a emissões de gases de efeito estufa, a noção de hipoteca não faz sentido: ninguém — nenhuma instituição, nenhum deus — nos daria um empréstimo tão absurdamente desproporcional aos nossos recursos. E, embora a humanidade se sinta grande demais para falhar, ninguém vai pagar nossa conta.

Uma segunda casa

É totalmente possível que tenhamos nossa necessária segunda Terra um dia. Pessoas como Stephen Hawking já defenderam a ideia de que temos de começar a colonizar o espaço dentro de cem anos para manter a espécie viva, e pessoas como Elon Musk estão ativamente correndo atrás de fazer disso uma realidade. Talvez consigamos descobrir como levar 100 mil pessoas por vez[226] (o alinhamento dos planetas só permite decolagens favoráveis uma vez a cada dois anos — de acordo com Musk, a frota colonizadora de Marte sairia em massa, "mais ou menos que nem em *Battlestar Galactica*"), criar uma maneira de produzir combustível de foguete em Marte e resolver o problema de construir a infraestrutura necessária para sustentar uma colônia, sem contar a questão de fazer um lar em um lugar com temperaturas de menos 62 graus Celsius (isso sim é um problema climático) e radiação mortífera.[227] Se não formos capazes de limpar nossa água e nosso ar, podemos sempre dar um jeito em um planeta que não tem essas coisas.

Somente 66 anos separam o primeiro voo dos irmãos Wright e o primeiro passo de Neil Armstrong na Lua — um período mais curto do que Noé levou para construir a arca e mais curto ainda do que toda a vida de meus pais. Se uma pessoa do tempo dos irmãos

Wright tivesse sugerido que em menos de sete décadas haveria um ser humano na Lua — sem nem contar as centenas de milhões de terráqueos assistindo a tudo pela televisão em suas casas —, essa noção certamente teria sido recebida com uma reação ainda mais intransponível do que o ceticismo. A humanidade tem uma tendência de subestimar seu próprio poder de criação e destruição.

Mas talvez a questão não seja se *podemos* (vamos assumir que sim) ou nem se *devemos* (assumindo que isso poderia ser feito, como previu Musk, com um investimento relativamente pequeno em mais ou menos pouco tempo), mas sim o que, além de observar e ter esperanças, devemos fazer nesse meio tempo. Até que ponto esse *deus ex machina* — ou as dezenas de outras estratégias de engenharia que foram propostas, desde bloquear a luz do Sol com a injeção em massa de aerossóis de sulfato, até a remoção de gás carbônico *post-facto*, e a "aceleração de intemperismo" dos oceanos — merece nossa atenção?

E qual parte dessa atenção deveria chegar à conclusão de que se deve temer essas soluções Frankenstein que se voltam contra seus criadores? Em resposta a essas intervenções tecnológicas no meio ambiente, a National Academy of Sciences, que é normalmente comedida, declarou: "Há um significativo potencial de consequências imprevistas, incontroláveis e lamentáveis em múltiplas dimensões humanas nessas [tentativas de modificar o clima], incluindo dimensões políticas, sociais, legais, econômicas e éticas."[228] Quantas moedas devemos apostar nessas curas milagrosas?

E quantas em mudanças via legislação? Não podemos — *eles* não podem — simplesmente cobrar impostos sobre combustíveis proporcionais à quantidade de gás carbônico liberada? Instituir um programa ambicioso de *cap-and-trade*? Incentivar a cooperação internacional por meio de tarifas? Regular as emissões globais de tal maneira que nem um líder recalcitrante poderia isentar seu país?

Podemos tentar. Temos de tentar. Quando estamos falando de impedir a destruição da nossa casa, a resposta nunca é *isto ou aquilo* —

é sempre *ambos*. Não podemos mais nos dar ao luxo de escolher quais doenças planetárias vamos tentar remediar, ou quais remédios vamos testar. Temos de lutar pelo fim da extração e queima de combustíveis fósseis e investir em energia renovável, e reciclar, e usar materiais renováveis, e diminuir os hidrofluorcarbonetos no refrigerante, e plantar árvores, e proteger as árvores, e andar menos de avião, e dirigir menos, e defender um imposto sobre o gás carbônico, e mudar nossas práticas agropecuárias, e reduzir o desperdício de alimentos *e* reduzir nosso consumo de produtos de origem animal. E muito mais.

Mas soluções tecnológicas e econômicas são boas para resolver problemas tecnológicos e econômicos. Embora seja verdade que a crise planetária peça invenção e legislação, este é um problema muito mais amplo — um problema *ambiental* — que envolve desafios sociais como a superpopulação, o desempoderamento de mulheres, a desigualdade salarial e hábitos de consumo. Ele alcança não só o nosso futuro, mas também nosso passado.

De acordo com o projeto Drawdown,[229] quatro das estratégias mais eficazes para mitigar o aquecimento global são a redução do desperdício de alimentos, a educação de meninas, o planejamento familiar, incluindo a saúde reprodutiva, e a mudança coletiva para uma dieta rica em plantas. Os benefícios desses avanços vão muito além da redução da emissão de gases de efeito estufa, e seu preço principal é nosso esforço coletivo. Mas não é possível deixar de pagar esse preço.

Os esforços civis durante a Segunda Guerra Mundial foram indispensáveis para derrotar os inimigos lá fora, mas também desencadearam progressos sociais em casa. Apesar da injustiça que muitas minorias americanas sofreram durante a guerra — exércitos segregados, o abuso de nipoamericanos —, esse também foi um período de progresso social formador da cultura americana. Em 1941, Roosevelt assinou a Executive Order 8802, que criminalizou a discriminação racial em indústrias de defesa nacional e no governo. O número de membros da National Association for the Advancement of Colored People ["Associação Nacional para o Progresso das Pessoas de Cor"] aumentou de 18 mil a quase 500 mil durante a guerra.[230] Na região Sul, a porcentagem de afroamericanos que se registrou como eleitores saltou de 2 para 12%. Muitos se referiram à guerra como um "Duplo V"[231] — uma vitória lá fora e uma vitória contra a segregação em casa. O êxodo dos homens para os campos de batalha abriu espaço para que quase 7 milhões de mulheres entrassem para a força de trabalho industrial.[232] Abriu-se empregos para os mexicano-americanos também; entre 1941 e 1944, eles passaram de zero a 17 mil nos estaleiros de Los Angeles.[233] Essas novas oportunidades para mulheres e minorias desmascarou o preconceito estrutural, cultivou habilidades profissionais e galvanizou os movimentos de direitos civis que estavam por vir.

Para salvar a nós mesmos, vamos precisar de ação coletiva, e agir coletivamente vai mudar quem somos — especialmente se mudarmos não porque estamos inspirados, ou porque "vimos a luz", mas sim porque, ao sentir uma escuridão iminente, nos compelimos a tomar uma atitude diante de informações em que somos incapazes de acreditar. Quando há uma traição entre um casal[234] — um caso, por exemplo — e os dois estão em processo de decidir se ficam juntos, a famosa terapeuta Esther Perel incentiva os companheiros a pensar no casamento nos seguintes termos: "O primeiro casamento de vocês acabou. Vocês gostariam de criar um segundo casamento juntos?"

Talvez não precisemos abandonar nossa casa para nos salvar: nossa segunda Terra poderia ser uma versão transformada daquela em que vivemos agora. Seja como for, vamos precisar morar em um novo planeta: um que só é alcançável se abandonarmos o atual ou um que só é alcançável se ficarmos por aqui. Essas duas maneiras de nos salvar diriam coisas muito diferentes sobre nós.

Que tipo de futuro você preveria para uma civilização que abandona sua casa? Essa decisão revelaria quem somos e essa decisão nos transformaria. As pessoas que enxergam sua casa como algo dispensável serão capazes também de ver qualquer coisa como algo dispensável, e se tornarão um povo dispensável.

Que tipo de futuro você preveria para uma civilização que toma atitudes coletivas para salvar sua casa? Essa decisão revelaria quem somos e essa decisão nos transformaria. Ao dar o salto necessário — que não é um salto no escuro, mas uma forma de ação — faríamos mais do que salvar o planeta. Nos tornaríamos dignos de salvação.

Vidro

O telescópio espacial Hubble foi lançado em 1990. As lentes dele são tão poderosas e precisas que, se mirasse na Terra — ignorando aqui a névoa atmosférica e a velocidade da órbita do telescópio, que borraria a imagem —, ele conseguiria ler esta página por cima de seu ombro. De costas para a Terra, o Hubble consegue enxergar quase até o início dos tempos.

O Hubble foi fundado originalmente nos anos 1970, mas foram necessários vinte anos para projetá-lo, construí-lo e lançá-lo. Equivalente moderno de uma catedral, ele é a expressão física das conquistas e ambições coletivas da humanidade. Entre seus muitos feitos estão: ter determinado o tamanho e a idade do Universo, detectado a primeira molécula orgânica fora de nosso sistema solar, revelado que quase todas as galáxias contêm buracos negros supermassivos, entendido como os planetas nascem e testemunhado uma supernova distante que sugere que o Universo só começou a acelerar recentemente.

Foi quase tudo em vão. Quando as primeiras imagens chegaram, ficou óbvio que havia algum problema sério com o sistema ótico. O espelho — possivelmente o espelho mais preciso já produzido — havia ficado raso demais por um quinquagésimo da largura de um fio de cabelo.²³⁵ Em vez de levar 70% da luz de uma estrela para o ponto focal, o Hubble só conseguia levar cerca de 10%. As imagens eram um fiasco e o projeto se tornou a maior vergonha da NASA — em *Corra que a polícia vem aí 2 ½*, há uma foto do Hubble na parede ao lado de uma do dirigível alemão Hindenburg e outra do político Michael Dukakis.

Esse não era um problema fácil de se resolver. Não era possível polir novamente o espelho no espaço. Também não era possível instalar outro espelho enquanto o telescópio estivesse em órbita. E seria caro demais trazer o Hubble de volta à terra para fazer os reparos. A salvação foi, no fim das contas, a precisão do erro — um componente ótico com o mesmo grau de erro na outra direção corrigiu o foco. Em 1300, o esforço para produzir óculos levou à invenção do espelho; sete séculos depois, o espelho mais sofisticado de todos os tempos precisou de um par de óculos. Às vezes, até mesmo os problemas mais vastos e complexos podem ser resolvidos com uma simples correção, um contrabalanceamento. Não precisamos reinventar a alimentação, mas sim desinventá-la. O futuro da agropecuária e da alimentação tem de ser parecido com o passado.

*

Vincenzo Peruggia tinha sido contratado pelo Louvre para construir caixas de vidro protetoras para as pinturas. Na noite de 20 de agosto de 1911, ele e dois cúmplices se esconderam dentro de um almoxarifado usado para guardar materiais de pintura de alunos. Quando saíram, na madrugada seguinte, Peruggia foi direto até a *Mona Lisa*, retirou-a da parede e levou embora pela entrada principal do museu.²³⁶

Na época, a *Mona Lisa* não era tão conhecida fora do mundo da arte; não era o quadro mais famoso da galeria onde estava e muito menos do museu.²³⁷ Sua ausência só foi notada depois de 24 horas.

Mas, uma vez que chamou a atenção da incipiente imprensa,[238] o roubo se tornou uma trama internacional, e a *Mona Lisa*, que agora é vista como obra-prima, se tornou a pintura mais famosa do mundo. Quando o Louvre reabriu,[239] depois de passar uma semana fechado para investigações, formaram-se filas do lado de fora pela primeira vez na história do museu. Nos dois anos entre roubo e devolução, mais pessoas foram ver o espaço na parede onde o quadro ficava — "a marca da vergonha" — do que as que tinham ido ver o quadro em si.

Franz Kafka fez uma visita ao espaço na parede um mês depois do desaparecimento da pintura,[240] uma ausência que se tornou parte de sua coleção de "curiosidades invisíveis" — atrações, eventos, pessoas e obras de arte que ele não conseguiu ver. No ano seguinte, talvez inspirado por essa experiência,[241] Kafka escreveu sua obra-prima, *A metamorfose*, em que um dia homem acorda em forma de inseto, com sua perspectiva radicalmente alterada, e seu corpo — que era sua primeira casa — não mais habitável.

A fama da pintura somente aumentou com o tempo — ou talvez seja mais certo dizer que a fama da fama da pintura aumentou. As pessoas querem ver a *Mona Lisa* porque outras pessoas querem ver a *Mona Lisa*. A estimativa do Louvre[242] é de que 80% dos que visitam o museu estejam lá somente para ver esse quadro. Ele agora fica protegido por um vidro à prova de balas de quase 4 centímetros de espessura.[243] Embora o papel do vidro seja proteger a pintura mais valiosa do mundo, o efeito é de aumentar a nossa noção de seu valor e vulnerabilidade. Quando olhamos para a *Mona Lisa*, o vidro à prova de balas também serve como lente corretiva.

*

Eu tive um par de óculos por dois anos inteiros antes de conseguir usá-lo regularmente. Em uma das minhas excursões durante o jardim de infância, a professora pediu para todas as crianças passarem para um dos lados do ônibus. Havia algo para ver pelas janelas. O ônibus ficou inclinado com o deslocamento de peso e os outros alunos fizeram uma algazarra de admiração.

— Está vendo? — a professora perguntou por cima do meu ombro.

— Vendo o quê?

— Se você estivesse usando seus óculos, conseguiria ver.

— Eu não sei o que era para ver.

— Se estivesse usando óculos, saberia.

Na época, desconfiei que todo mundo estivesse mancomunado, que os alunos tivessem ido para o lado quando a professora pediu, apontado e feito algazarra para coisa nenhuma — só para me ensinar uma lição.

No dia seguinte, a professora disse que eu ficava bonito com os óculos de aviador que minha mãe havia escolhido para mim, mas eu sabia a verdade. Perguntei para ela o que estavam olhando no ônibus.

— Era a Lua de dia — ela disse.

— Mas eu estava olhando para um limpador de janela — eu disse. — Bem pequenininho.

— Nós estávamos olhando para a Lua.

— É *claro* que eu teria conseguido ver a Lua.

— Mas não viu.

Eu não vi porque não estava procurando a Lua. Podemos usar óculos para corrigir nossa visão *na* Terra, e podemos ir ao espaço para corrigir nossa visão *da* Terra. Mas nenhum par de óculos ou jornada interestelar pode apontar a direção certa. Dirigimos nosso olhar para as coisas que queremos ver, as coisas que nos chamam a atenção. Nossa percepção fica mais afiada quando o interesse aumenta, e criaturas vivas prestam mais atenção quando estão com medo. As pessoas passaram a ficar olhando para a *Mona Lisa* depois de ela ter sido roubada. Eu fiquei olhando para o limpador de janela porque tinha medo de altura.

Minha audição fica mais aguçada quando estou ouvindo meus filhos dormindo. O meu paladar fica mais refinado quando preciso determinar se um alimento estragou. A minha visão fica mais precisa quando bate o instinto de fuga. As pessoas muitas vezes se lembram de experiências de quase morte como se elas tivessem ocorrido em câmera lenta, com todos os sentidos aguçados. Talvez essa seja uma versão da força histérica.

O problema é que nossa relação com o planeta é uma experiência de quase morte que não aparenta sê-lo. Se conseguíssemos acreditar que nosso planeta está em perigo, conseguiríamos enxergar as coisas tais como são. Talvez seja verdade que se 1 bilhão de pessoas pudessem sentir o efeito *overview*, isso desencadearia uma revolução em como os terráqueos pensam na Terra e a tratam. Mas a única possibilidade de isso acontecer seria em situação de estarmos indo embora para um novo lar. Imagine: a totalidade da espécie se mexendo para ir até as janelas do outro lado da nave, olhando através de um vidro protetor bem grosso e se dando conta de que a nossa casa era uma obra-prima.

Pular da ponte Golden Gate acaba em morte 98% das vezes. Mais de 16 mil já pularam. Entre os poucos sobreviventes,[244] todos os que compartilharam sua experiência relatam ter mudado de ideia assim que se jogam. Talvez a nossa espécie passasse por algo parecido. Kevin Hines tinha 18 anos quando pulou. Se perdêssemos nosso planeta,[245] talvez cada um de nós pensasse, assim como Hines pensou, vendo a ponte ficar mais longe enquanto ele caía, "O que foi que eu fiz?".

Primeira casa

"A raça humana existe como espécie distinta há cerca de 2 milhões de anos. A civilização surgiu há cerca de 10 mil anos, e o ritmo de desenvolvimento tem crescido constantemente. Se a humanidade for continuar a existir por mais 1 milhão de anos, ela deve ter a audácia de explorar lugares nunca dantes explorados... Vamos precisar dos meios práticos para estabelecer um ecossistema totalmente novo, que deve sobreviver em um ambiente sobre o qual sabemos muito pouco, e teremos de considerar transportar muitos milhares de pessoas, animais, fungos, bactérias e insetos."

Foi o que disse Stephen Hawking.

Se a sua casa estivesse precisando de consertos, ainda que fossem consertos mais sérios, seria audacioso abandoná-la e se mudar para uma casa nova? E se você tivesse certeza de que a casa nova seria muito menos confortável e totalmente diferente de tudo o que você já viu?

Em vez de viajar para além do horizonte, poderíamos nos aventurar por nossas próprias consciências e colonizar as partes ainda inabitadas de nossas paisagens internas. Em vez de dar um salto para a fantasia distante de transportar animais em naves espaciais para outros planetas, poderíamos começar agora mesmo a criar menos animais no extraordinário planeta que já temos.

Quando os cidadãos dos Estados Unidos apagaram suas luzes durante a Segunda Guerra Mundial, eles não estavam protegendo suas casas — os blecautes tinham pouco valor prático —, estavam protegendo seus *lares*. Eles estavam demonstrando solidariedade, e por isso protegendo suas famílias e culturas, sua segurança e liberdade.

Em um pronunciamento de utilidade pública em 2016 para uma organização sueca sem fins lucrativos, Hawking disse: "Neste momento, a humanidade enfrenta um desafio imenso, e milhões de vidas estão em perigo." Discorreu sobre a obesidade e por que a humanidade precisa comer menos e fazer mais atividade física. "Não é como construir foguetes, é simples."

Milhões de vidas podem estar em perigo por causa do consumo exagerado de comida, mas cada vida humana está em perigo por causa do consumo exagerado de produtos de origem animal. Alegoricamente falando, não é tão complicado quanto construir foguetes, e literalmente falando, a resposta a essa situação não deve ser construir foguetes. Se não demonstrarmos solidariedade por meio de pequenos sacrifícios coletivos, não vamos vencer a guerra, e se não vencermos a guerra, vamos perder a casa onde cada ser humano que já existiu cresceu.

Última casa

Estou sentado ao lado da cama da minha avó. Meu irmão mais velho me disse que eu deveria vir neste fim de semana. Eu entendi o que ele quis dizer. Pela mesma razão que meu irmão não disse "Ela está à beira da morte", tenho sentido dificuldade de dizer exatamente o que quero dizer para minha avó. Até tocá-la é difícil. Consigo dizer "eu te amo", mas não "vou sentir saudade". Consigo dar beijos de oi ou de tchau, mas não consigo ficar segurando a mão dela.

Olhando daqui para minha avó, sinto algo parecido com o efeito *overview*: aquilo a que se chama casa, ou lar, de repente se torna vulnerável, belo, singular. E, de repente, enxergo minha avó por inteiro de uma só vez — no contexto da minha vida, minha família, nossa história. Emoldurada por um vazio escuro que parece infinito, a minha avó precisa de, e merece, proteção.

Como autopunição, fico pensando em todas as vezes que me esqueci de dar valor a ela, ou pior. Fiz caretas para o meu irmão enquanto ele falava com ela em telefonemas obrigatórios. Implorei para não ter de dormir na casa dela e, enquanto estava lá, assisti horas e horas a reprises e quase não falei com ela. Virei a cara para os beijos que ela tentava me dar.

Agora que eu mesmo tenho filhos, entendo que fazia o tipo de coisa que criança faz. Não é responsabilidade das crianças cuidar dos mais velhos (ou de uma casa, de um planeta); é dos adultos. E foi exatamente isso o que meus pais fizeram ao trazer a minha avó para cá e tornar a casa deles também a casa dela. Eles instalaram um elevador acoplado à escada para ela poder circular por diferentes andares, contrataram cuidadores primeiro esporádicos e depois em tempo integral, e nunca sequer mencionaram o fato de terem muito menos privacidade ou muito mais responsabilidades emocionais, logísticas e financeiras. O fato de eles cuidarem dela — algo que veio com uma série de sacrifícios — foi revelador para mim. Não acredito que seja coincidência este livro ter começado a germinar na época em que ela se mudou para a casa deles.

Meu filho mais velho está prestes a fazer seu *bar mitzvah*, o rito judaico de passagem à vida adulta. Entre outras coisas, ele marca a transição de alguém que recebe o que o mundo tem a oferecer para se tornar alguém que participa da manutenção e criação daquilo que o mundo oferece. É algo ao mesmo tempo belo e devastador. Ele consegue fazer a própria comida. Ele consegue ler sozinho antes de dormir. É complicado, e muitas vezes doloroso, cuidar de algo quando você já está no processo de se desapegar. Meu filho precisa de mim tanto quanto minha avó precisa dos meus pais. Mas também faz parte desse cuidado, tanto para mim quanto para meus pais, não se apegar.

Enfrentando ou não a mudança climática, vamos ter de aprender o desapego. Ainda que conseguíssemos reduzir as emissões de gás carbônico a zero amanhã, continuaríamos a testemunhar e vivenciar os efeitos de nossas ações passadas. O planeta não vai ser a mesma casa para nossos filhos e netos como foi para nós — não será tão confortável, nem tão belo e nem tão prazeroso. Como argumenta Roy Scranton em seu ensaio publicado no *New York Times*, "Learning How to Die in the Anthropocene" ["Aprendendo a morrer no antropoceno"], é importante aceitar essa perda:

A maior questão que a mudança climática traz não é a de qual deve ser estratégia do Departamento de Defesa para as guerras por recursos, ou como se deveria erguer muralhas litorâneas para proteger Alphabet City e nem sobre quando deveríamos evacuar Hoboken. O problema não será enfrentado comprando Prius, assinando tratados e nem desligando o ar-condicionado. O maior problema que enfrentamos é filosófico: entender que esta civilização *já morreu*. O quanto antes confrontarmos esse problema, e o quanto antes percebermos que não há nada que possamos fazer para nos salvar, o mais cedo vamos poder começar o trabalho árduo de nos adaptar, com uma humildade mortal, à nossa nova realidade.[246]

Olhando para a minha avó, eu realmente entendo o que ele está dizendo. Em certo sentido, ela *já morreu* — por mais difícil que seja escrever isso —, e aceitar sua ausência é não somente a abordagem mais honesta, mas também a única que nos permite realmente dar valor à sua presença.

É costume, durante o Yom Kippur, o Dia do Perdão judaico, recitar a oração Mi Shebeirach para os entes queridos que estão doentes:

> Aquele que abençoou nossos Patriarcas (e Matriarcas), fonte de bênção para nossas Matriarcas (e Patriarcas), possa abençoar e curar aquele que está doente: Que o Santo, bendito seja, cubra-o (a) de compaixão para restaurá-lo(a), curá-lo(a), fortalecê-lo(a), animá-lo(a). Ele enviará rapidamente cura completa — cura da alma e do corpo — a ele(ela) juntamente com todos os doentes do povo de Israel e de toda a Humanidade, em breve, e digamos todos Amém.*

---

* em https:/www.centroisraelita.org.br/mi-sheberach/ (N. da T.)

Depois de vários dias de deliberação, minha mãe optou por não recitar a oração para a minha avó este ano. A minha avó não vai se recuperar e *não deveria* se recuperar. Ela tem 99 anos. Ela não está sentindo dor física nem emocional. Seria cruel aumentar a duração da vida dela em detrimento da experiência que ela teve de vida.

É verdade que não há nada que possamos fazer para "salvar" minha avó. Também é verdade que podemos salvar coisas importantes — para ela e para nós. Ela pode passar o tempo que ainda resta em um ambiente tranquilo. Meus pais compraram para ela um colchão que evita a formação de escaras. Eles a colocaram perto da janela para ela poder olhar para a árvore e sentir a luz do sol. Eles contrataram uma enfermeira que fica morando lá, tanto para providenciar cuidados médicos quanto para que ela nunca fique sozinha. Todos os dias eles passam horas falando com ela, e incentivam os netos a visitar o máximo de vezes que puderem, e os bisnetos a fazer chamadas de vídeo. Eles dão a ela coisas que a deixam feliz: chocolate, fotografias da família, gravações das músicas em iídiche que ela ouvia quando criança, companhia.

Não podemos salvar os recifes de coral. Não podemos salvar a Amazônia. É improvável que consigamos salvar as cidades litorâneas. A escala de perdas inevitáveis é quase tão grande que faz qualquer luta parecer inútil. Mas é só quase. Milhões de pessoas vão morrer — talvez dezenas ou centenas de milhões — por causa da mudança climática. Centenas de milhões de pessoas, talvez bilhões, se tornarão refugiados em decorrência da mudança climática. O número de refugiados é importante. É importante levar em consideração quantos dias por ano as crianças vão poder brincar lá fora, quanta comida e água vamos ter, em quantos anos a expectativa de vida média vai cair. Esses números são importantes porque não são só números — cada um corresponde a um indivíduo com família, idiossincrasias, fobias, alergias, e comidas favoritas, e sonhos recorrentes, e uma música na cabeça, e uma impressão digital única, e uma risada particular. Um indivíduo que inspira moléculas que expiramos. É difícil se importar com as vidas de milhões de pessoas; é impossível não se importar com uma vida. Mas talvez não precisemos nos importar com nenhuma. Só precisamos salvá-las.

Eu não acredito que o maior desafio da mudança climática seja filosófico. E tenho muita certeza de que alguém na África subsaariana ou no sul da Ásia ou na América Latina[247] — onde já se pode sentir a mudança climática, e com bastante sofrimento — concordaria comigo. O maior desafio é salvar o máximo que conseguirmos: o máximo de árvores, o máximo de icebergs, o máximo de graus, o máximo de espécie, o máximo de vidas — *e logo, sem demora.*

Que nós queremos que todo mundo na Terra não só tenha uma vida saudável, mas se sinta em casa deveria ser fato consumado. Mas não é. É preciso não só explicar os fatos, mas também repeti-los. Temos de nos forçar a enfrentar o espelho, nos forçar a olhar para ele. Temos de travar lutas eternas contra nós mesmos para fazer o que precisa ser feito. "Me escute", implora a alma na primeira carta de suicídio, quando começa a defender a causa da vida. "Veja, ouvir é bom para as pessoas."[248]

IV. CONTENDA COM A ALMA

Eu não sei.

Não sabe o quê?

Não sei como cheguei neste ponto — aprendi tanto, me convenci completamente da necessidade de mudar — e, mesmo assim, ainda duvido que eu vá mudar. Você tem esperança?

De que você vá mudar?

De que a humanidade vá encontrar um jeito.

Nós já encontramos um jeito.

De que nós vamos agir de acordo.

Você já notou que quase sempre as conversas sobre mudança climática terminam com a questão da esperança?

Você já notou que quase sempre as conversas sobre mudança climática terminam?

É porque sentimos esperança e um certo conforto em adiar a discussão.

Não. É porque não sentimos esperança e ficamos desconfortáveis com a discussão.

Seja como for, é a esperança que permite que o assunto da mudança climática seja eclipsado — nas notícias e na política, nas nossas vidas — por outras questões mais "urgentes". Se você fosse um médico, perguntaria a um paciente de câncer se ele tem esperança?

Talvez. Espírito positivo parece ajudar na recuperação.

Se você fosse médico, perguntaria a um paciente de câncer se ele tem esperança sem perguntar também qual é o tratamento que ele planeja fazer?

Não, acho que não.

E se ele não estivesse planejando fazer coisa alguma? Você perguntaria se ele tem esperança?

Talvez perguntasse se ele está contando com um milagre ou se simplesmente aceitou a morte.

Certo. Se uma pessoa está passando por uma crise que envolve risco de vida e escolhe não fazer nada, perguntar se ela tem esperança é um jeito de perguntar se está esperando um milagre ou simplesmente se aceitou a morte.

Em alguns momentos, escrever este livro me deixou com esperança, mas quase sempre senti raiva ou desespero.

Você está roubando esses prazeres das pessoas.

A esperança?

Sim, mas também a raiva e o desespero.

Roubando?

Não dando nada em troca.

Raiva e desespero são prazeres?

Do tipo que mais se sente às escondidas. Por que você acha que o artigo apocalíptico da New York Magazine *sobre mudança climática viralizou? As pessoas de repente ficaram loucas pela ciência do clima? Não, estávamos loucos por uma descrição vívida de nosso apocalipse. Sentimos atração por ele assim como sentimos atração por filmes de terror, acidentes de carro, o caos do governo atual. E não finja que os piores prognósticos não são a parte que você mais gosta de descrever.*

Não estou fingindo.

Pode admitir: é prazeroso apontar as falhas dos outros.

Não é justo.

Não mesmo. Então pague pelos prazeres que você roubou.

Passei dois anos escrevendo este livro, tentando convencer o maior número de pessoas que pude a fazer mudanças em suas vidas. Isso já não é algo?

Não é suficiente.

O que poderia ser suficiente?

Mudar sua própria vida.

Eu sei.

Mas?

Não sei.

Não sabe o quê?

Existe alguma coisa mais narcisista do que acreditar que suas escolhas vão afetar todo mundo?

Só uma coisa: acreditar que as suas escolhas não afetam ninguém. Assim como você passou as últimas três partes do livro explicando.

Talvez tenha sido tudo só pela própria escrita. Mais prazer roubado. A mudança climática é um problema de proporções *a la* China e ExxonMobil.[249] Só cem empresas já são responsáveis por 71% das emissões de gases efeito estufa.[250] Colocar o ônus disso em indivíduos não é justo.

Se você fosse criança, a sua obsessão com o que é justo seria admirável.

Deixe o justo para lá. Colocar isso na conta de indivíduos é algo ingênuo em termos do que precisa ser feito, enquanto políticos e empresas ficam isentos de responsabilidade.

Mas as empresas produzem o que nós compramos e os fazendeiros produzem o que comemos. Eles cometem crimes em nosso nome. Além disso, embora muita gente diga que a mudança climática é um problema de nações e corporações, parece que ninguém tem uma estratégia para mudar as políticas dos países e das corporações. E falar mal dos vilões não é tomar atitude, não mais do que estar do lado dos bonzinhos.

"Precisamos fazer alguma coisa." Essa é a frase que parece estar na ponta da língua de todo mundo ultimamente, o slogan oficial do nosso tempo. E, no entanto, quase ninguém faz coisa alguma além de reiterar a necessidade de fazer alguma coisa. Ou não sabemos o que fazer ou não queremos fazer nada. Então, em vez disso, ficamos vagando pelo campo de batalha, disparando tiros de festim a esmo: alguma coisa, alguma coisa, alguma coisa...

Mas *existe* uma coisa que podemos fazer. Optar por comer menos produtos de origem animal é provavelmente a atitude mais importante que um indivíduo pode tomar para reverter o aquecimento global — porque seu efeito sobre o meio ambiente é conhecido e significativo, e, se for uma atitude tomada coletivamente, vai afetar a cultura e o mercado com uma força maior do que qualquer passeata.

Pronto.

Não sei.

O que há para não saber?

Já sinto que mudei só de escrever este livro. Posso me imaginar dando entrevistas no rádio e para jornais e revistas impressos, escrevendo artigos de opinião, fazendo leituras em cidades no mundo inteiro. Posso me imaginar roubando das pessoas o prazer da retidão e voltando para o meu hotel depois do evento para comer um hambúrguer atrás de uma porta trancada — roubando mais esse prazer. Você consegue imaginar algo mais patético?

Não é a melhor imagem. Mas consigo pensar em muitos cenários mais patéticos — como não se dar ao trabalho de saber a verdade ou ficar com medo demais para sequer saber qual é a verdade. Ou se você soubesse a verdade mas não se importasse, ou se não fizesse o mínimo esforço. Ou se tentasse mas não sentisse remorso quando não conseguisse.

Tem uma coisa que sempre me deixou louco, o fato de um amigo — um colega escritor e, ainda por cima, um ambientalista comprometido — ter se recusado a ler meu livro *Comer animais*. Isso me incomoda porque ele é um pensador sensível que se importa com a preservação da natureza e escreve sobre isso. Se *ele* não está disposto a sequer saber qual é a conexão entre o que comemos e o meio ambiente, que esperança eu posso ter de que milhões de pessoas vão alterar seus hábitos adquiridos ao longo de uma vida inteira?

Por que ele não quer ler?

Ele me disse que tem medo de ler o livro porque sabe que vai se sentir obrigado a fazer uma mudança que não é capaz de fazer.

Parabéns, você é melhor do que o seu amigo. Apontar as falhas dele deve ter apaziguado sua culpa por causa das suas próprias falhas. E já que estamos falando do seu narcisismo, por que o quão patético você é se tornou o assunto aqui?

Eu estava falando das falhas dele para *ilustrar* as minhas: se eu defendo que não se coma animais enquanto eu mesmo continuo a comer, então sou um baita de um hipócrita.

Por que é importante dizer isso?

Ninguém quer ser hipócrita.

Então seja perfeito.

Não faça isso.

O quê?

Ser leviano com relação à dor real que sentimos ao tentar fazer a coisa certa.

Não faça isso.

O quê?

Agir como se suas emoções fossem mais urgentes do que a destruição do planeta.

Nossas emoções — ou a falta delas — estão destruindo o planeta.

Sem dúvida. Você não quer cortar seus hambúrgueres, suas idas de carro ao mercadinho e seus voos para a Europa, sua eletricidade barata. Você não quer ser o responsável pelo climão durante o jantar com amigos e nem que as pessoas lhe achem um chato, ou, pior do que isso, um babaca. Você não deixa de fazer alguma coisa porque simplesmente não está com vontade. Mas sim, como sempre, tem os seus confortos para manter, então se convence de que ter consciência do assunto — escrever um livro sobre ele — é fazer alguma coisa.

Então você... *não* tem esperança?

Você tem plena capacidade de fazer coisas que não sente vontade de fazer e deixar de fazer coisas que quer fazer. Isso não significa que você é o Gandhi. Significa só que é adulto.

Isso realmente não é justo.

Nas palavras de uma criança. Você sabe por que os avestruzes enfiam a cabeça na terra?

Porque acham que ninguém os veem quando não estão vendo ninguém.

Bem burros, certo? O problema é que os avestruzes não enfiam a cabeça na terra — eles têm de enterrar os ovos para ficarem aquecidos e protegidos. Por isso, de vez em quando, eles têm de afundar a cabeça para virar os ovos. Humanos observam os avestruzes cuidando de sua prole e confundem isso com estupidez. Mas somos nós o animal que assume que o mundo fica escuro quando fechamos os olhos. Confundir evasão com segurança, por acaso, é um dos meios mais eficientes de matar a prole. Assim como confundir conhecimento com ação. Ninguém quer ser hipócrita, mas não é melhor piscar de vez em quando do que ficar apertando os olhos? A medida importante não é a distância até uma perfeição inalcançável, e sim até uma paralisia imperdoável.

Não sei.

Vou lhe fazer uma pergunta: qual é o contrário de uma pessoa que deixa as luzes acesas em cômodos vazios, compra aparelhos com baixa eficiência energética e coloca o ar-condicionado no talo quando não tem gente em casa?

Alguém que presta atenção ao gasto de eletricidade?

E qual é o oposto de uma pessoa que vai de carro para todo lugar, seja qual for a distância, e ignora a conveniência do transporte público?

Alguém que presta atenção ao quanto dirige?

Qual é o oposto de alguém que come um monte de carne, laticínios e ovos?

Uma pessoa vegana.

Não. O contrário de alguém que come um monte de produtos de origem animal é alguém que presta atenção na quantidade de produtos de origem animal que come. A melhor forma de se isentar de uma ideia difícil é fingir que só existem duas opções.

Você escreveu sobre a resposta de Frankfurter a Karski como se ele só tivesse duas opções. Talvez, em termos de crenças, realmente seja preciso ser tudo ou nada, mas e em termos de ação? Será que Frankfurter não podia ter feito alguma coisa com a informação que ele sabia que era verdade? Talvez ele não estivesse disposto a fazer greve de fome na frente da Casa Branca e morrer aos poucos na frente do mundo inteiro. Mas, certamente, ele podia ter reunido um grupo de personagens influentes para ouvir o que Karski tinha a dizer, ou pressionado o Congresso a abrir uma investigação oficial das atrocidades alemãs, ou simplesmente usado sua voz para levantar publicamente essas questões urgentes?

Podemos imaginar sua luta para acreditar em Karski durante aquela reunião, mas e quando, só uns dois anos depois, ele viu as imagens dos campos de concentração? Você acha que ele acreditou no que estava vendo? E quando olhou nos olhos daqueles pais e mães famintos, com pilhas de filhos e filhas mortos? Quando o juiz do Supremo Tribunal julgou a si mesmo, você acha que ele se sentiu cúmplice de um genocídio? Ou somente patético?

Não é justo dizer isso.

É o que o neto de Frankfurter diria, provavelmente. Existem limites do que se pode esperar de alguém em momentos de crise. Mas você é neto de uma sobrevivente do Holocausto que teve irmãos estuprados e assassinados, cujos pais levaram tiros quando tinham bebês no colo, cujos avós foram queimados vivos. O que você acha que seria justo esperar de Frankfurter?

Mas as pessoas realmente têm limites. Esses limites não são por opção, e não são culpa de ninguém, ainda que sejam julgados duramente pela história.

Eu não sei.

Não sabe o quê?

Talvez subestimemos alguns limites e demos valor demais para algumas ações. O homem que ergueu o carro de cima do ciclista preso excedeu seus limites físicos. Mas por acaso ele foi para casa e começou a fazer campanha a favor de ciclovias e mais semáforos? Porque existe um problema sistêmico de ciclistas mortos por automóveis, e isso não se resolve por meio de atos isolados de força histérica. É justo perguntar se ele fez o suficiente?

Não, não é justo, porque ele...

Karski fez o suficiente? O assunto da história, da forma como você escolheu descrever, é a falta de crença de Frankfurter. Mas e os limites de Karski? Ele se despediu de Frankfurter sem obter garantias de que se havia tomado alguma decisão quanto ao que fazer para salvar os judeus. Ele não se recusou a comer e beber e não morreu uma morte lenta nos aposentos da Justiça. É justo que o julguemos? E aquelas pessoas, e as crianças cujas vidas dependiam do sucesso dessa missão? Seria justo que elas o julgassem?

Ele se disfarçou de judeu — usou uma faixa amarela no braço, uma estrela de davi — para entrar escondido no Gueto de Varsóvia para documentar as condições. Ele se infiltrou em um campo de concentração nazista para poder dividir a verdade com o mundo.[251] Sim, ele fez o suficiente.

E a sua avó?

Acho que ela concordaria.

Não é disso que estou falando. Parece cruel, até mesmo uma depravação, perguntar se a sua avó fez o suficiente...

Pode parar.

... mas ela fez o suficiente?

Pare.

Ela fugiu do shtetl *porque sabia que "tinha de fazer alguma coisa". Ela sabia. A irmã saiu atrás dela, lhe deu seu único par de sapatos e* disse *"Você tem muita sorte de estar indo embora". Um outro jeito de dizer "Me leva junto". Talvez a irmã fosse jovem demais para fazer essa jornada e acabaria comprometendo as chances das duas. Talvez sua avó acreditasse, ao contrário do que assumimos, na época, que as coisas não eram tão ruins. Mas você fantasia com ir de casa em casa no shtetl e segurar o rosto das pessoas e gritar "Você tem de fazer alguma coisa!". Por que a sua avó não fez isso?*

Porque isso é esperar demais de alguém.

Concordo. É esperar demais mesmo das pessoas.

Então por que a pergunta?

Porque concordar quanto ao que não se pode esperar de alguém serve para nos lembrar do quanto podemos esperar de alguém. Podemos discordar sobre o que Frankfurter poderia ter feito, mas concordamos que ele poderia ter feito mais do que fez.

Sim.

Agora imagine que você está comendo um hambúrguer escondido.

Me sinto ridículo...

Pare de me dizer como se sente. Me diga o que pode fazer.

É claro que consigo comer menos produtos de origem animal. E é claro que meu medo de ser inconsistente não precisa me impedir de tentar. Neste momento, eu sinto esperança, mas...

Chega de me dizer o que está sentindo.

Mas estou fazendo isso porque estamos conversando. Com relação a traumas históricos, e no contexto deste tipo de questionamento profundo, minha necessidade e capacidade de fazer pequenas mudanças diárias não tinha como ser mais óbvia. Mas eu sei o que vai acontecer: o tempo vai passar, eu vou perder meus pontos de referência, parar de analisar meus sacrifícios na escala da calamidade global e voltar a comparar a minha vida a ela própria. E não importa o que eu sei e o que quero, vou acabar voltando para onde comecei.

Não faça isso.

Desistir?

Focar na esperança.

Mas isso é motivador.

Certo, quando você tem esperança. Mas a não ser que você não tenha conhecimento nenhum do assunto ou esteja se iludindo quanto à mudança climática, na maior parte do tempo, você não vai ter esperança. E aí? Se a esperança for a sua motivação principal, você vai estar remando um barco na calmaria — contemplando a vela murcha, esperando que ela se insufle e resolva aquilo que parece um fardo injusto. A arca de Noé não tinha vela, e a nossa também não tem. Saber que ninguém e nada vai nos ajudar ajuda a manter o esforço.

Não tenho certeza de que tenho energia suficiente para sustentar isso para o resto da vida. Não é só uma questão de remar. É remar contra a corrente. O que eu penso é nos milhares de cafés da manhã e almoços que tenho pela frente, sempre ter de planejar essas refeições, resistir a certos desejos, arriscar alguma tensão social.

Em vez de imaginar todas as refeições que você tem pela frente, se concentre na refeição que está na sua frente. Não fique sem hambúrguer pelo resto da vida. Só peça algo diferente daquela vez. É difícil mudar hábitos da vida inteira, mas não é tão difícil mudar uma refeição. Com o tempo essas refeições se tornam seu novo hábito.

Então por que o vegetarianismo não ficou mais fácil depois de trinta anos?

Por que ficou mais difícil? Eu sinto mais desejo de comer carne agora do que em qualquer outro momento desde que me tornei vegetariano.

É tão horrível assim?

É horrível quando eu me rendo ao desejo.

Quantas vezes você comeu carne na última década?

Não sei. Umas duas dúzias?

É mais do que você deu a entender antes no livro.

Eu estava preparando o terreno.

Digamos que você comeu carne umas cem vezes.

Não comi.

Ok, então você comeu carne duzentas vezes. Nas últimas 10.950 refeições, você fraquejou duzentas vezes. Seu saldo é de 0,982.

Não cheguei *nem perto* de comer carne duzentas vezes.

Você pergunta por que não ficou mais fácil. Eu pergunto como pode ser tão fácil?

Falar com você ajuda.

É que nem aquela primeira carta de suicídio, "Contenda com a alma", só que a gente precisa manter a conversa acontecendo para sempre.

Eu *quero* que essa conversa termine. Quero enterrar essa questão, assim como enterrei as decisões de não matar gente, não roubar e não poluir. Algumas pessoas se convertem ao veganismo e nunca voltam atrás. Para algumas pessoas, parece tão simples quanto decidir não colocar fogo nas coisas — é tão evidente que é a coisa certa a se fazer que não é preciso sequer pensar a respeito, muito menos ter dificuldades com o assunto. Mas, quando o assunto é comida, sempre acabo voltando para o início.

Sabe uma curiosidade sobre os tubarões?

Que eles têm de ficar nadando, senão morrem?

Exatamente. Mas só algumas espécies de tubarão. A maioria dos tubarões não precisa nadar para respirar.

Assim como com os avestruzes, acontece com os tubarões.

Mas talvez você não seja a maioria dos tubarões. Talvez algumas pessoas vão achar fácil comer menos produtos de origem animal ou se tornar completamente veganas, e não vão precisar travar uma discussão eterna sobre o assunto. Você só tem de aceitar que sua mente e seu coração não são assim. E eu aposto que a maioria dos humanos não é a maioria dos tubarões.

Então o que eu faço quando voltar para o início? Abro um documento no Word e conto em detalhes para você o quanto sou patético?

Não, você só precisa reconhecer que voltar para o início não é retrocesso. Você "se encontrar" em qualquer lugar é uma coisa boa — significa que você tem consciência de si. Se você estivesse no meio de uma maratona e de repente começasse a focar no fato de ainda ter mais de 40 quilômetros pela frente, provavelmente iria querer desistir. Mas o início não está ainda mais longe, que é a decisão de correr numa maratona? E essa decisão não é sempre tomada com convicção e uma certa alegria? É por isso que as pessoas renovam seus votos de casamento — para revisitar a base do matrimônio. Há um equilíbrio a ser alcançado, e precisamos fazer algumas coisas mesmo quando não temos vontade — não dá para esperar os sentimentos corretos aparecerem. Mas, às vezes, se lembrar do porquê de acharmos aquilo importante pode ser uma boa motivação. Qual é a verdade fundamental nisso para você?

Como assim?

Existe alguma ideia, talvez até uma frase, a partir da qual seja possível chegar no resto?

Nosso planeta é uma fazenda.

Conte-me mais sobre isso.

Já falei sobre isso.

Fale de novo. Contar de novo é tão importante quanto o que está sendo contado.

Nós não entendemos o que o nosso planeta é, e por isso não entendemos como é possível salvá-lo.

Me conte de verdade. Nós temos tempo.

Nosso foco singular em combustíveis fósseis nos leva a representar visualmente a crise planetária usando chaminés de fábrica e ursos polares. Não é que essas duas coisas não sejam importantes, mas, enquanto mascotes da crise, elas nos deram a impressão de que nosso planeta é uma fábrica e de que os animais de maior relevância para a mudança climática são selvagens e estão distantes. Essa impressão não só é errada como é desastrosamente contraprodutiva. Nunca vamos combater a mudança climática, nunca vamos salvar nossa casa enquanto não reconhecermos que nosso planeta é uma fazenda. Essa correção é meu ponto de partida.

Achei que a gente não estivesse conseguindo combater a mudança climática por causa de negacionismo.

Essa ideia é um tipo de negação ainda mais insidioso do que a negação em que se apoia o negacionismo.

Me conte.

Mas você já sabe.

Me conte de novo.

Ela cria uma dicotomia entre os que aceitam os dados científicos e os que não aceitam.

Mas essa dicotomia é real, não?

Real e trivial. A única dicotomia que importa é aquela entre os que tomam uma atitude e os que não tomam. Frankfurter disse a Karski: "Não consigo acreditar no que você me contou." Mas imagine que as coisas tivessem sido diferentes. Imagine que ele tenha dito: "Acredito em você." Imagine que ele tenha se comprometido a fazer tudo o que podia para ajudar a salvar os judeus da Europa: reunir um grupo de figuras influentes para ouvir o que Karski tinha a dizer, pedir ao Congresso para abrir uma investigação oficial sobre as atrocidades alemãs, usar sua voz para levar a público essas questões urgentes. E mais.

Parece uma boa perspectiva.

Mas, depois de prometer tudo isso, e talvez depois de colher os benefícios de sua nova imagem brilhante e ética, ele não fez nada. Não reuniu, não pediu, não divulgou. Pior, ele se recusou até mesmo a participar dos esforços domésticos: se empanturrou de alimentos racionados, dirigiu o quanto quis, na velocidade que quis, morou na única casa da rua que deixava as luzes acesas a noite inteira. Sabendo disso, faria alguma diferença qual resposta ele deu para uma pesquisa feita em 1943 perguntando a opinião das pessoas sobre a guerra na Europa?

Pelo menos Karski teria saído da reunião com alguma esperança...

Nós inflacionamos dramaticamente o papel dos negacionistas da ciência, porque isso faz os acatadores da ciência se sentirem corretos sem que haja pressão alguma para tomar uma atitude quanto à informação que aceitamos como verdadeira. Somente 14% dos americanos[252] negam a existência da mudança climática, o que é uma porcentagem significativamente menor[253] do que os que negam a existência da evolução, ou que não reconhecem que a Terra gira em torno do Sol[254]. Sessenta e nove por cento dos eleitores americanos[255] — incluindo a maioria dos republicanos — dizem que os Estados Unidos deveriam ter permanecido no Acordo de Paris. A retórica e a ótica podem ter sido cooptadas pelos liberais, mas não existe nada mais conservador do que a conservação.

Como você explica o fato de as pessoas que não negam que o planeta está em perigo não estarem em pânico porque o planeta está em perigo?

Se eu não fosse uma dessas pessoas, diria que são pessoas burras ou más.

Você não está em pânico?

Eu quero estar, mas não estou. Eu digo que estou, mas não estou. E, quanto mais alarmante a situação fica, maior é a minha capacidade de ignorar o alarme.

Como você explica isso?

Eu não sei.

Tente.

Os humanos são criaturas especialmente adaptáveis.

Isso me parece uma grande bobagem.

E é.

Então se esforce mais.

Nós...

Não me fale de todo mundo. Fale de você.

A minha estratégia quando escrevi "Como evitar a Grande Agonia" — a parte mais carregada de informações deste livro — era prestar o máximo de atenção nas minhas próprias reações em vez de simular o estilo jornalístico dos artigos e livros que estava lendo para pesquisar sobre o assunto. Desses, nenhum — independentemente do quanto eram perspicazes, bem escritos e de uma importância urgente — conseguiu, no fim das contas, fazer eu me mexer, *fazer* alguma coisa. Estava disposto a trocar a abrangência de informação e até mesmo um certo tipo de profissionalismo por uma forma que me motivasse.

Funcionou?

Eu certamente me convenci.

E isso não é bom?

Eu me convenci sobre algo de que já estava convencido, e nada mudou na forma com que vivo.

Então talvez você não seja muito melhor do que o seu amigo, no fim das contas. Você escreveu um livro e não acredita nele; ele não quer ler um livro porque acredita nele.

É uma pena que em vez de existir uma minoria de ateus do clima exista uma maioria de agnósticos do clima.

Mas você disse que a maioria dos americanos queria que os Estados Unidos tivessem permanecido no Acordo de Paris.

Eles deram essa resposta a uma pergunta. Eu também teria respondido isso. É uma pena que essas opiniões sejam *selfies* e não escoadouros de gás carbônico.

Então você... não tem esperança?

Não tenho. Conheço um número muito grande de pessoas inteligentes e de bom coração — não me refiro aos narcisistas do ativismo, mas sim a pessoas boas que doam seu tempo, seu dinheiro e sua energia para deixar o mundo melhor — que jamais mudariam seus hábitos alimentares, não interessa o quanto estejam convencidos de que devem mudar.

Essas pessoas inteligentes e de bom coração, como elas explicariam essa recusa em mudar a alimentação?

Ninguém jamais vai perguntar.

E se perguntassem?

Talvez elas dissessem que a agricultura animal é um sistema com problemas sérios, mas que as pessoas precisam comer e os produtos de origem animal são mais baratos hoje em dia do que jamais foram.

E o que você diria sobre isso?

Eu diria que nós precisamos comer, mas não temos de comer produtos de origem animal — com certeza, ficamos mais saudáveis quando a maior parte de nossa dieta é de plantas — e claramente não precisamos comer produtos de origem animal nessa quantidade sem precedentes na história em que se come agora. Mas é verdade que essa é uma questão de justiça econômica. É preciso falar disso nesses termos, em vez de usar a desigualdade como uma forma de evitar falar sobre desigualdade.

Os 10% mais ricos da população global são responsáveis pela metade das emissões de gás carbônico; a metade mais pobre é responsável por 10%[256]. E os que são os menos responsáveis pelo aquecimento global são, muitas vezes, os mais punidos por ele. Pense em Bangladesh, considerado o país mais vulnerável à mudança climática. Estima-se que 6 milhões de bengaleses já tiveram de sair de onde estavam por causa de desastres ambientais como picos de tempestades, ciclones tropicais, secas e enchentes, com uma projeção de que mais milhões terão de fazer o mesmo nos próximos anos[257]. O aumento previsto do nível do mar pode submergir cerca de um terço do país, afetando de 25 a 30 milhões de pessoas[258].

Seria fácil ouvir um número como esse e não sentir o que ele significa. Todo ano, o *Relatório Mundial da Felicidade* faz uma lista dos 50 países mais felizes do mundo com base em como os entrevistados avaliam suas vidas, de "a melhor vida possível" até "a pior vida possível". Em 2018, Finlândia, Noruega e Dinamarca foram os países listados como os mais felizes do mundo.[259] Quando as listas foram publicadas, elas entupiram a National Public Radio por uns dois dias, e a impressão que se tinha era a de que o assunto surgia em todas as conversas. A soma das populações da Finlândia, da Noruega e da Dinamarca é de aproximadamente metade do número projetado de refugiados bengaleses que sofrerão com o clima.[260] Mas esses 30 milhões de bengaleses em risco de viver a pior vida possível não são interessantes o bastante para o rádio.

Bangladesh tem uma das menores pegadas de carbono do mundo, o que significa que é um país com pouca responsabilidade pelo estrago que mais o afeta. O bengalês médio é responsável por

0,29 toneladas métricas de emissões de CO_2e por ano,[261] enquanto o finlandês médio é responsável por cerca de 38 vezes essa quantia: 11,15 toneladas métricas. Bangladesh também é um dos países mais vegetarianos do mundo,[262] onde o cidadão médio consome cerca de 4 quilos de carne por ano. Em 2018, o finlandês médio consumiu tranquilamente a mesma quantidade a cada 18 dias — sem contar frutos do mar.[263]

Milhões de bengaleses estão pagando a conta de um estilo de vida que esbanja recursos de que eles próprios nunca desfrutaram. Imagine que você nunca tenha tocado em um cigarro ao longo da sua vida, mas fosse obrigado a absorver os problemas de saúde de um fumante inveterado que mora do outro lado do planeta. Imagine que o fumante continuasse saudável, no topo da escala de felicidade — e aumentando a quantidade de cigarros que fuma a cada ano, satisfazendo seu vício — enquanto você sofre de câncer de pulmão.

Em todo o mundo, mais de 800 milhões de pessoas estão malnutridas e cerca de 650 milhões são obesas.[264] Mais de 150 milhões de crianças com menos de cinco anos estão fisicamente subdesenvolvidas por causa de desnutrição.[265] Esse é outro número que merece atenção. Imagine que todo mundo que vive no Reino Unido e na França tivesse menos de cinco anos e não dispusesse de comida o suficiente para crescer normalmente. Três milhões de crianças com menos de cinco anos morrem de desnutrição *todo ano*. Um milhão e meio de crianças morreram no Holocausto.[266]

Terras que poderiam gerar alimento para populações famintas são, no entanto, reservadas para gado que vai alimentar populações hipernutridas.[267] Quando pensamos em desperdício de comida, temos de parar de pensar em deixar comida no prato e, em vez disso, focar no desperdício envolvido em colocar comida no prato. Até 26 calorias de alimento para gado são necessárias para produzir somente uma caloria de carne. O antigo relator especial da ONU sobre direito à alimentação, Jean Ziegler,[268] escreveu que alocar

100 milhões de toneladas de grãos e milho para biocombustíveis é um "crime contra a humanidade" em um mundo em que quase 1 bilhão de pessoas passam fome. Poderíamos chamar esse crime de "homicídio culposo". O que ele não mencionou é que, todo ano, a agricultura animal aloca mais do que sete vezes essa quantidade de grãos e milho — o suficiente para alimentar cada pessoa faminta no mundo — para animais que serão consumidos por pessoas abastadas. Poderíamos chamar esse crime de "genocídio".

Então, não, a agropecuária industrial não "alimenta o mundo". A agropecuária industrial faz o mundo passar fome enquanto ela própria o destrói.

Podemos assumir então que isso vá calar aquele contra-argumento.

Existe um argumento paralelo que escuto sempre: defender dietas à base de plantas é elitista.

Elitista como?

Nem todo mundo tem recursos para parar de comer produtos de origem animal. Vinte e três e meio milhões de americanos vivem em "desertos alimentares",[269] e quase a metade dessas pessoas têm baixa renda. Ninguém diria que os pobres têm de pagar pelo comportamento dos ricos como vítimas de enchentes, da fome e por aí vai. Mas como podemos exigir que paguem por alimentos caros?

E?

É verdade que uma dieta saudável é mais cara — cerca de 500 dólares mais cara no período de um ano.[270] E todos deveriam, por direito, ter acesso a comida barata e saudável. Mas uma dieta vegetariana saudável custa, em média, cerca de 750 dólares a *menos* por ano do que uma dieta carnívora saudável[271] (para se ter uma ideia, o salário médio anual de uma pessoa que trabalha em tempo integral nos Estados Unidos é de 31.099 dólares)[272]. Em outras palavras, custa cerca de 200 dólares a menos por ano ter uma dieta vegetariana saudável do que uma dieta tradicional não saudável. Sem contar o dinheiro gasto na prevenção à diabetes, hipertensão, às doenças cardíacas e ao câncer — todos problemas associados ao consumo de produtos de origem animal. Então, não, não é elitista sugerir que uma alimentação mais barata, mais saudável e mais sustentável ambientalmente é melhor. Mas sabe o que me parece, sim, ser elitista? Quando alguém usa a existência de pessoas sem acesso a comida saudável como desculpa para não mudar seu comportamento em vez de encarar os fatos como motivação para ajudar essas pessoas.

Algum outro contra-argumento?

E os milhões de fazendeiros que ficariam sem o ganha-pão?

E eles?

Existem menos fazendeiros nos Estados Unidos hoje em dia do que havia durante a Guerra Civil,[273] embora a população do país tenha crescido em quase 11 vezes. E se o sonho dourado do complexo industrial de agricultura para gado for realizado, logo não existirá mais fazendeiro algum, porque as "fazendas" serão totalmente automatizadas. Eu tive a grata surpresa de descobrir que os criadores de gado estavam entre os maiores aliados de *Comer animais*: eles têm tanto desprezo pela pecuária industrial quanto os ativistas de direitos animais, ainda que por diferentes razões.

A crise planetária vai tornar a criação de gado mais difícil e mais cara, na medida em que as secas vão reduzir colheitas e que eventos climáticos extremos como furacões, queimadas e ondas de calor vão matar os animais. A mudança climática já está causando perdas para criadores de gado no mundo inteiro. Em longo prazo, a transição para energia renovável, alimentos à base de plantas e práticas sustentáveis de agricultura e pecuária vai criar muito mais do que acabar com empregos. Essa transição também vai salvar o planeta, e o que significaria salvar fazendeiros sem salvar o planeta?

O que mais?

Nem todos os produtos de origem animal são ruins para o meio ambiente.

O que é balela porque...?

Não é balela. É totalmente possível criar um número relativamente pequeno de animais de forma sensível às questões ambientais. A agropecuária era assim antes de ser industrializada. Também é possível fumar cigarros sem fazer mal à saúde. Um único cigarro não faz mal algum.

É, mas quem é que fuma só um cigarro?

As pessoas que fumam e não gostam, ou as que sabem das coisas e param antes de ficarem viciadas. São muito raras as pessoas que odeiam produtos de origem animal. A maioria das pessoas ama esses alimentos, assim como eu. Então, naturalmente, queremos sempre mais. Eu sei das coisas, e mesmo assim, muitas vezes, a minha vontade é grande demais para aguentar. Como a maioria dos americanos, eu cresci comendo carne, laticínios e ovos, então não tive a chance de parar antes de ficar viciado.

Mas, de forma geral, os produtos de origem animal são ruins para o meio ambiente?

Mais do que de forma geral, e mais do que ruins. De acordo com a ONU, a agricultura para gado é "um dos dois ou três principais contribuintes para os problemas ambientais mais sérios do planeta, em todas as medidas, desde local até globalmente. [...] Esse deveria ser um dos focos mais importantes das políticas que lidam com problemas de degradação do solo, mudança climática e poluição do ar, escassez de água e poluição de recursos hídricos, além da perda da biodiversidade. A contribuição da criação de gado para os problemas ambientais é de uma escala descomunal."[274]

Então porque sequer mencionar que existe algo como uma "boa" criação de gado?

Porque é muito tentador simplificar demais a questão, que é tão complicada científica e psicologicamente: escolher a dedo números estatísticos convenientes, desprezar sentimentos "ilógicos", ignorar casos marginais. E quando já é tão difícil realmente aceitar que o que comemos é importante — quando até mesmo pessoas inteligentes e sensíveis procuram brechas para que seu estilo de vida escape disso intacto —, imprecisões podem parecer desonestidade.

Esse, a propósito, é outro contra-argumento: os números são tão vagos a ponto de não serem confiáveis. Eu disse que a agricultura para gado contribui com 14,5% das emissões de gases de efeito estufa. Também disse que essa contribuição é de 51%. E a estimativa mais baixa não foi fornecida pela empresa alimentícia Tyson Foods, nem a estimativa mais alta foi fornecida pelo People for the Ethical Treatment of Animals, o PETA. Esses números representam, talvez, o parecer estatístico mais importante na área de mudança climática, e o extremo mais alto é três vezes maior do que o mais baixo. Se não posso ser mais preciso do que isso, então por que alguém deveria confiar no que estou dizendo?

Por que, de fato?

Eu *posso* ser mais preciso. No apêndice, apresento a metodologia que está por trás desses números e explico por que acredito que 51% seja a estimativa mais precisa. Mas os sistemas em questão são complexos e interligados, e para quantificá-los é preciso assumir premissas significativas. Até os cientistas mais neutros politicamente enfrentam esse desafio.

Podemos tomar como exemplo os carros elétricos. Como contabilizar a "limpeza" relativa do sistema de eletricidade que alimenta os carros? Na China, o carvão é a fonte de 47% da eletricidade;[275] migrar para carros elétricos seria uma catástrofe em termos de mudança climática. Como levar em consideração o fato de que a fabricação de um carro elétrico demanda duas vezes mais energia do que a de um carro convencional?[276] E o que dizer de outras formas de dano ambiental, como a extração de minerais raros para as baterias, um processo dispendioso de energia que só aproveita cerca de 0,2% do que é extraído do solo — e que transforma os outros 99,8% (agora contaminados) em poluente quando são jogados de volta na natureza?[277]

É perigoso fingir que sabemos mais do que sabemos. Mas é ainda mais perigoso fingir que sabemos menos. A diferença entre 14,5% e 51% é enorme, mas até mesmo a estimativa mais baixa deixa absolutamente claro que, se quisermos conter a mudança climática, não podemos ignorar as contribuições dos produtos de origem animal.

Frankfurter perguntou a Karski sobre a altura da muralha do gueto de Varsóvia. Se Karski tivesse respondido que ela tinha entre 2 e 7 metros, isso teria feito alguma diferença? Para os judeus que não tinham como escalá-la? Para Frankfurter ao pensar no que aconteceria com eles? Para nós, ao julgar Frankfurter?

Mas sem saber a altura da parede, não temos como planejar ultrapassá-la.

Diferentes estudos sugerem diferentes mudanças na alimentação em resposta à mudança climática. Mas a questão geral é bem clara. A análise mais abrangente do impacto ambiental da indústria pecuária foi publicada na revista *Nature*, em outubro de 2018. Depois de analisar sistemas de produção de comida de cada país no mundo inteiro, os autores concluem que, embora pessoas desnutridas vivendo em situação de pobreza em todo o mundo poderiam, de fato, comer um pouco mais de carne e laticínios, o cidadão médio do mundo tem de fazer a transição para uma dieta à base de plantas para evitar danos ambientais catastróficos e irreversíveis. O cidadão médio dos Estados Unidos e do Reino Unido precisa consumir 90% menos carne de boi e 60% menos laticínios.[278]

Como qualquer pessoa poderia fazer isso na quantidade correta?

Cortando alimentos de origem animal no café da manhã e no almoço. Talvez não corresponda exatamente à redução de que precisamos, mas está dentro da margem e é fácil de lembrar.

É fácil de fazer?

Depende do tubarão. Seria desonesto e contraproducente fingir que é fácil se adaptar a comer só alimentos à base de plantas antes do jantar. Mas aposto que se a maioria das pessoas pensar em suas refeições favoritas dos últimos anos — as refeições que proporcionaram o maior prazer gastronômico e social, que foram mais significativas em termos culturais ou religiosos — virtualmente todas seriam jantares.

Temos de admitir que a mudança é inevitável. Podemos escolher fazer mudanças ou podemos nos submeter a outras — migrações em massa, doenças, conflitos armados, uma qualidade de vida muito reduzida —, mas não existe um futuro sem mudanças. O luxo de escolher quais mudanças preferimos tem data de validade.

E para você?

O quê?

A mudança foi fácil para você?

Me dei o prazo de terminar este livro para parar de comer laticínios e ovos.

Você está brincando.

Não estou.

Quer dizer que você ainda não mudou de verdade?

Ainda nem tentei.

Como diabos você explica isso?

Com o único contra-argumento que me deixa sem saber o que dizer: é uma fantasia. É uma fantasia com boa base científica, uma fantasia ética, uma fantasia irrefutável. Mas é uma fantasia. Um número muito grande de pessoas não vai mudar a forma como se alimenta, com certeza não dentro do tempo necessário. Aferrar-se a uma fantasia é tão perigoso quanto desprezar uma estratégia viável.

Como você responderia a isso?

Sendo a prova viva desse argumento, eu teria enorme dificuldade de responder.

Tente.

A verdade é que eu não tenho muitas esperanças.

Muito bem. Agora me diga como a fantasia poderia ser um plano viável.

É difícil imaginar isso.

Ainda que seja a coisa mais improvável do mundo.

Se acontecer, não vai ser por causa de nenhum fator isolado. Fazer o que tem de ser feito vai envolver um grau de invenção (como a criação de hambúrgueres vegetarianos que sejam indistinguíveis de hambúrgueres de carne) e de legislação (como, por exemplo, o ajuste de subsídios para o setor agropecuário e a responsabilização da agricultura para gado por sua destruição ambiental), além de campanhas de baixo para cima (como estudantes universitários exigirem que os restaurantes no campus não sirvam produtos de origem animal antes do jantar) e de cima para baixo (como celebridades espalhando a mensagem de que não temos como salvar o planeta sem mudar nossa alimentação), e...

Ninguém vai curar a mudança climática? Todo mundo vai curar a mudança climática?

Exatamente.

Me ajude a enxergar como.

Honestamente, nem eu enxergo.

Você perdeu as esperanças.

Estou sendo realista.

E mesmo que você ache que eu já sei a resposta, me lembre por que não ter esperanças é ser realista.

Você está brincando?

Só responda.

Por causa da destruição que já perpetramos — que ou tem de ser desfeita ou não pode ser desfeita. Por causa do fato de que dentro de apenas um ano, madeireiros destruíram uma área cinco vezes maior do que Londres na Amazônia, um ecossistema que leva 4 mil anos para se regenerar.[279] Por causa do quanto vai ser difícil reverter uma forma de viver com 7,5 bilhões de pessoas pisando no acelerador. Porque as emissões de gás carbônico nos Estados Unidos aumentaram em 3,4% em 2018.[280] Por causa da imprecisão de cálculos que dependem de precisão — meio grau poderia fazer toda a diferença. Por causa do desejo justificado de países em desenvolvimento de ser como os países que são os maiores responsáveis pela mudança climática. Porque, na medida em que o clima fica mais quente, mais se usará ar-condicionado, que emite mais gases de efeitos estufa. Por causa dos outros milhares de ciclos de realimentação possíveis. Porque em 2017[281] descobriu-se que as emissões de metano vindas da criação de gado estão pelo menos 11% maiores do que o que se pensava e porque em 2018[282] chegou-se à conclusão de que os mares estão aquecendo 40% mais rapidamente do que se pensava. Porque muitas das pessoas que mais são afetadas pela mudança climática (e que podem dar os melhores testemunhos sobre os horrores vividos) não têm como compartilhar seus testemunhos e chacoalhar nossa consciência coletiva. Porque os interesses com motivações contrárias à solução do problema são mais poderosos, impetuosos e mais espertos do que os interesses com motivações favoráveis. Porque, dentro dos próximos trinta anos,[283] estima-se que a população humana vá aumentar em 2,3 bilhões e a renda mundial vá triplicar, o que significa que mais gente vai poder adotar dietas ricas em produtos de origem animal. Por causa da aparente impossibilidade de haver cooperação entre países e dentro dos países. Porque existe uma chance enorme de que seja tarde demais para evitar a mudança climática desgovernada. Porque...

Já entendi.

Por causa da natureza humana: pessoas como eu, que deveriam se preocupar com isso e estar motivadas e fazer grandes mudanças, consideram quase impossível fazer pequenas mudanças em prol de enormes benefícios futuros. Porque...

Chega.

Porque eu sequer tentei.

Não sei.

Não sabe o quê?

Por que ainda estamos conversando?

Como assim?

Você acabou de me dizer que sequer tentou, e, no entanto, ainda estamos conversando.

E daí?

Se lembra do "Contenda com a alma de alguém que se cansou da vida"?

Não estou escrevendo uma carta de suicídio.

Esse é o meu ponto. E a minha esperança teimosa.

Eu achei que você fosse antiesperança.

Sou antiesperança roubada.

E o preço da esperança é a ação.

E existe uma ação que me dá esperança.

Abrir mão de produtos de origem animal?

Não.

Agora eu perdi o fio da meada.

Eu não perdi. Ainda. Ainda estamos conversando, então você também não perdeu.

O que você está dizendo?

Cartas de suicídio chegam ao fim. Ainda estamos no páreo. É isto o que acontece quando se está tentando. Está cansado?

Desta conversa? Sim.

Da vida.

Não.

"Contenda com a alma de alguém que ainda não está cansado da vida". *Mas é errado assumir que a alma é aquilo com que contamos para ponderar as graves questões nos momentos muito graves: Como eu deveria viver minha vida? Quem eu deveria amar? Qual é o propósito? É a alma que faz a pergunta, e não quem responde. A alma não está mais "lá longe" do que as causas e soluções da mudança climática. Pior ainda, estamos tragicamente confusos quanto ao que é grave.*

Como assim, confusos?

Perguntamos à alma: "Você tem esperança?." A alma nos pergunta: "O que tem para o almoço?"

Sr. Karski.

Que tem ele?

Sr. Karski, um homem como eu conversando com um homem como você tem de ser totalmente franco.

Eu sou Karski?

Preciso dizer que não consigo acreditar no que você me disse.

Você acha que menti para você?

Eu não disse que você mentiu. Disse que não consigo acreditar em você. Minha mente, meu coração, eles funcionam de forma tal que não consigo aceitar nada disso.

E quem determina esse funcionamento?

Perdão, mas tenho uma questão urgente para resolver.

Sr. Karski.

... Sim?

Um homem como eu conversando com um homem como você tem de ser totalmente franco.

Você acha que menti para você?

Não sei.

Não sabe o quê?

Qual é a altura da plataforma de gelo?

Setenta metros.

Não é tão pouco assim.

Quarenta metros.

Não sei.

Sr. Karski.

Sim.

Quero acreditar em você.

A escala é o problema? A imensidão da tragédia força a coisa a se tornar abstrata? Porque eu menti antes.

Eu não disse que você estava mentindo.

Somente poucos milhares de crianças estão morrendo de desnutrição. Agora você vai fazer algo para salvá-las?

Esse não é o problema.

É a distância? Eu fiz parecer que era algo distante para não lhe assustar, mas o Supremo Tribunal vai ficar submerso.

A distância não é o problema.

Estou preso debaixo de um carro.

Como é que é?

Preciso que você o tire de cima de mim.

Não há carro algum.

Por que você não quer salvar minha vida?

Porque ela claramente não precisa de salvação.

Então por que você não salva a vida dos que claramente precisam ser salvos?

Porque também estou preso debaixo de um carro.

Sr. Karski, um homem como eu conversando com um homem como você tem de ser totalmente franco.

Quem se importa com franqueza a estas alturas?

Sr. Karski, eu lhe dei meu tempo, ouvi o que você tinha a dizer, lhe disse qual é minha posição. Agora você tem de ir embora.

Eu aceito que você não acredite em mim. Raramente acredito em mim eu mesmo. Não preciso que acredite em mim.

Vá embora!

Preciso que tome uma atitude.

Da próxima vez, não vou nem deixar você entrar aqui.

Da próxima vez?

Da próxima vez que eu encenar esta conversa na minha cabeça.

A plataforma de gelo cabe debaixo da sua porta.

Isso é alto?

Por que você não teve filhos, Sr. Karski?

Não quisemos filhos.

Por que não?

Estávamos bem como estávamos.

Foi também porque você estava condenado para sempre a reencenar esta conversa em sua cabeça?

Por que você não tem filhos, Juiz Frankfurter?

É da sua conta?

Por que a minha pergunta lhe deixa na defensiva?

Marion sofreu muito. Ela estava frágil. Teria sido pesado demais.

Eu não consigo acreditar em você.

Você acha que estou mentindo?

Não disse que você mentiu. Acho que você não consegue admitir, nem para você mesmo, que a perspectiva de uma criança ser julgada o impediu de ter filhos.

Sr. Karski.

Sua mente, seu coração.

Sim. Eles funcionam de forma tal que não consigo aceitar o que você me disse. Não porque são deficientes. Porque funcionam. Se eu aceitasse o que você disse, ficaria louco.

Você tomaria uma atitude.

Eu saberia que ação nenhuma seria suficiente.

Você poderia recusar comida e bebida, morrer uma morte lenta enquanto o mundo assistiria a isso.

Não seria suficiente.

Você poderia juntar um grupo de figuras influentes para ouvir o que tenho a dizer, pressionar o Congresso a abrir uma investigação oficial sobre as atrocidades do clima, usar sua voz para promover publicamente as questões urgentes.

Isso não seria suficiente.

Depois que eu for embora, você poderia comer uma refeição diferente do que normalmente escolheria.

Eu não sei.

Sr. Karski.

Eu menti sobre a altura da plataforma de gelo.

Eu não disse que você mentiu.

Mas eu menti.

Então qual é a altura dela?

É desta altura.

Da altura das paredes desta sala?

Da página em que estas palavras estão impressas. Não *da altura da página*. Esta página *é* a muralha. O outro lado dela.

Não estou entendendo.

Não importa o quanto suas obrigações parecem distantes, não importa a altura ou a espessura do gelo que o separa delas, elas estão do outro lado. Bem ali. Bem aqui.

Não sei.

Sr. Karski.

Não sabe o quê?

Não sei.

Preciso ir agora.

Sr. Karski!

A muralha está derretendo e tenho algo urgente para resolver.

Mais urgente do que isto?

Preciso voltar e dizer a eles o que aconteceu aqui e implorar para eles o salvarem.

Me salvar?

Eles precisam se esforçar mais: morrer mais, mais rápido, mais grotescamente. Precisam fazer a parte deles, criar um espetáculo de sofrimento que demande uma resposta.

Continue falando comigo.

E o que adiantaria? A sua mente, o seu coração, eles funcionam de tal forma que você não consegue aceitar o que eu digo.

Mas esse funcionamento está sempre em construção.

Fico preocupado.

Que eu não vá mudar?

Que eles não vão acreditar na sua descrença.

V. MAIS VIDA

Recursos finitos

Certa tarde, ao voltar do trabalho, meu avô foi parado perto da vila onde morava na Polônia por um amigo que disse que todo mundo tinha sido assassinado e ele tinha de fugir. "Todo mundo" incluía a esposa e a filha bebê do meu avô. Ele quis se entregar para os nazistas, mas o amigo o impediu fisicamente e o obrigou a sobreviver. Depois de muitos anos correndo e se escondendo, exercendo um tipo de engenhosidade histérica para despistar os alemães, ele conheceu a minha avó e eles se mudaram para Lodz, onde moraram em uma casa vazia cujos antigos donos tinham sido assassinados.

Engenhosidade foi a única qualidade que já tinha ouvido atribuírem ao meu avô até poucos anos atrás. Ele coordenava o mercado clandestino de pessoas em um campo onde, com minha avó e minha mãe, passou seus últimos meses na Europa; trocava moedas e metais preciosos; falsificava documentos; escondia seu dinheiro em compartimentos escavados nas solas dos sapatos. Em 1949, ele e sua jovem família embarcaram em um navio para os Estados Unidos com 10 mil dólares em espécie — o equivalente hoje a mais de 100 mil dólares (eles tinham mais dinheiro do que os parentes americanos que iriam recebê-los). Mal falando inglês e sem familiaridade com a cultura ou os negócios nos Estados Unidos, ele comprou uma série de pequenos mercadinhos, gerenciou-os e depois vendeu para fazer lucro. Essas histórias sobre ele — e todas as histórias sobre ele eram assim — me enchiam de orgulho, assim como uma certa vergonha por causa da minha relativa própria falta de engenhosidade.

Quando minha mãe tinha cerca de seis anos, meu avô disse que desceria para arrumar a loja — eles frequentemente moravam em apartamentos em cima das lojas da família — e se enforcou, pendurado em um dos aparelhos de ar-condicionado. Bem quando começou a parecer que o perigo havia passado, essa engenhosidade dele, essa habilidade de sobreviver a qualquer coisa, chegou ao limite. Ele tinha 44 anos.

Eu não sabia do suicídio do meu avô até me deparar com uma série de descobertas mais ou menos acidentais. Claramente, encarar a verdade mais cedo não teria mudado os fatos, mas talvez tivesse poupado minha família de sentir uma vergonha e culpa desnecessárias que ficaram incubadas no silêncio.

Até certo ponto, todos nós sabíamos do que não sabíamos. Ou sabíamos, mas não acreditávamos naquilo, e por isso, de certa forma, não sabíamos.

A minha mãe me disse recentemente que se lembra de quando o pai a pôs para dormir pela última vez. "Ele ficou me dando beijos e dizendo em iídiche que me amava."

Ela acredita que, embora ele sofresse de depressão crônica, o suicídio tenha sido motivado por um empreendimento malsucedido, o que teria afundado a família em dívidas — a vergonha de deixar a esposa e os filhos sem recursos suficientes o compeliu a deixá-los sem seu maior recurso.

Talvez a palavra "engenhosidade" tenha de fato definido tão completamente quem ele foi. Ou talvez essa descrição tenha sido uma poderosa atitude de repressão; evitar uma verdade ao afirmar o seu oposto. Talvez "engenhosidade", de forma contraintuitiva, seja a descrição de alguém que vive com poucos recursos. Ou talvez seja uma descrição que não significa coisa alguma, dada a uma pessoa sobre quem pouco se sabe — uma outra forma de dizer "ele viveu".

Os Estados Unidos também são conhecidos por sua "engenhosidade", tanto por causa de inovação quanto do consumo. E, embora seja tentador descrever a crise planetária em termos apocalípticos, imaginando a total extinção humana, a verdade é que muitos de nós, que vivemos em países com alta renda média e paisagens variadas e tecnologia sofisticada, vamos sobreviver ao suicídio climático. Mas vamos sofrer danos permanentes. Quando Kevin Hines pulou da ponte Golden Gate,[284] ele estilhaçou duas vértebras — a maioria dos sobreviventes quebram ossos e têm órgãos perfurados. Vamos ficar desalojados por causa de condições climáticas extremas, nossos litorais se tornarão inóspitos e nossa economia entrará em colapso. Haverá irrupção de conflitos armados,[285] os preços dos alimentos vão aumentar muito, haverá racionamento de água, epidemias de doenças relacionadas à poluição, invasão de mosquitos. O nosso psicológico se transformará por causa dos traumas: ficar longe da família durante eventos climáticos extremos, deixar pais idosos para trás em locais debilitados por secas ou enchentes para que os filhos tenham vidas menos árduas, competir por recursos de formas muito mais explícitas e menos civilizadas do que jamais tivemos de competir.

Se enxergamos a apatia dos americanos com relação à mudança climática como um tipo de suicídio, nosso suicídio se torna ainda mais horrendo por conta do fato de que nós não seremos as principais vítimas dele. A maioria das populações que já estão morrendo por causa da mudança climática, e as populações que a mudança climática vai matar no futuro residem em lugares com pegada de carbono mínima, lugares como Bangladesh, Haiti, Zimbábue, Fiji, Sri Lanka, Vietnã e Índia. Eles não vão morrer por falta de engenhosidade.

Nesta fase do movimento ambientalista, podemos pular da ponte ou atravessá-la. Podemos deixar que o medo de que seja tarde demais ou difícil demais para garantir recursos às gerações futuras nos incapacite, ou podemos deixar que esses medos nos fortaleçam. Somos o recurso mais valioso que eles têm — e que nós mesmos temos.

A Terra tem cerca de 4,5 bilhões de anos. Eu tenho quase a idade de meu avô quando se matou. No sentido de encarar a decisão de viver ou morrer, somos todos da mesma idade que ele.

A enchente e a arca

Um dos maiores suicídios em massa da história é uma das narrativas seminais da minha cultura. Em cerca de 72 d.C., tropas do Império Romano fizeram um cerco à comunidade montanhesa judia de Masada. Por pelo menos um mês e meio, os judeus, que estavam em número muito menor, conseguiram fazer frente ao ataque romano. Mas quando ficou claro que haviam perdido a batalha, eles cometeram suicídio para evitar que fossem capturados. Como o suicídio é proibido pela lei judaica, os cidadãos de Masada se dividiram em grupos e mataram uns aos outros alternadamente, até que sobrasse só um judeu — aquele que seria então obrigado a desobedecer a lei judaica. O único que morreria por suicídio.

Visitei Masada quando era criança e me incentivaram a enxergar o suicídio coletivo como símbolo da resistência judaica: uma alternativa heroica à submissão. Mas, já naquela época, me pareceu mais um ato de fanatismo. Por que não tentar negociar uma rendição? Por que não fingir que se converteram? Por que não viver para lutar mais um dia, ou pelo menos viver para viver mais um dia?

O suicídio em Masada também batia de frente com o heroísmo que me ensinaram a reverenciar em outras histórias seminais, como a dos judeus no gueto de Varsóvia na Segunda Guerra Mundial —

aqueles cujo destino Jan Karski veio aos Estados Unidos denunciar. Em uma situação que não era menos terrível do que a dos judeus de Masada, os judeus do gueto de Varsóvia lutaram até o fim. Eles cavaram *bunkers* subterrâneos e túneis, construíram passagens pelos telhados, roubaram um pequeno arsenal de armas, fabricaram suas próprias armas rudimentares, iniciaram uma resistência armada e lutaram até não ser possível lutar mais.

Muito do que se sabe sobre o gueto de Varsóvia chegou a nós por meio do Arquivo Ringelblum, uma coleção de testemunhos, artefatos e documentos coletados secretamente por um grupo de judeus do gueto liderados pelo historiador Emanuel Ringelblum. Mais de 35 mil páginas foram colocadas em latas de leite e enterradas para serem descobertas no futuro. Como atesta um dos documentos, escrito por um jovem de 19 anos em 1942: "O que não pudemos gritar e berrar para o mundo ouvir, enterramos no solo [...] Eu adoraria poder ver o momento em que esse grande tesouro será escavado e gritará a verdade ao mundo [...] Que o tesouro caia em boas mãos, que perdure em tempos melhores, que possa alarmar e alertar o mundo sobre o que aconteceu."[286]

O que se sabe sobre o suicídio em massa de Masada chegou a nós por meio de Flávio Josefo. Existem muitas evidências arqueológicas de uma comunidade judaica em Masada, mas poucos motivos para acreditar na precisão histórica da história de Josefo. O mito do suicídio coletivo foi perpetuado e espalhado porque havia fortes motivações para manter vivas aquelas mortes. Um país minúsculo e novo, cercado de vizinhos gigantes que querem destruí-lo, precisa que os outros acreditem em sua recusa incondicional de se render. E o próprio país precisa acreditar nisso.

*

Escavado na rocha de uma montanha de *permafrost* na Noruega,[287] 130 metros acima do nível do mar, está o Silo Global de Sementes de Svalbard, a maior coleção mundial de biodiversidade agrícola. No evento de um colapso agrícola completo, o silo global de sementes poderia oferecer segurança alimentar.

A estrutura foi construída à prova do tempo, de condições climáticas extremas e de ataques humanos. Mas, em 2017 — o ano mais quente já registrado no mundo — um derretimento incomum e a chuva alagaram a entrada do túnel. Como o silo é mantido a -18°C (-0,4°F),[288] a água congelou e não chegou até as sementes. Agora, a Noruega tem planos de gastar cerca de US$12,7 milhões para implementar ainda mais medidas de proteção. Mas o episódio demonstrou que até uma estrutura que foi projetada para suportar "o desafio de desastres naturais ou causados pelo homem" pode não suportar um desastre natural causado pelo homem.

Outro esforço, chamado Projeto Arca Congelada,[289] luta para "facilitar e promover a conservação de tecido, células e DNA de animais ameaçados de extinção". Em separado, a Moscow State University recentemente recebeu o maior subsídio da Rússia para criar um banco de DNA, apelidado de "Arca de Noé", cujo objetivo é incluir material genético de cada espécie viva e extinta de organismo.

A história de Masada e o Arquivo Ringelblum são silos de sementes aos quais podemos recorrer. Assim como o meu sonho acordado de voltar no tempo e avisar os judeus da vila da minha avó: "Vocês precisam fazer alguma coisa!" Assim como o esforço de Karski bem--sucedido de informar Frankfurter e malsucedido de animá-lo. Em épocas de ameaças jamais enfrentadas, podemos recorrer à história para nos ajudar. Podemos também recorrer ao futuro. Nas últimas linhas de *Uma verdade inconveniente*, Al Gore diz: "As futuras gerações podem muito bem ter motivos para se perguntar 'O que nossos pais estavam pensando? Por que não acordaram quando tinham a chance?' Temos de ouvi-los fazer essa pergunta desde já."

Podemos descobrir testemunhos do passado, ouvir testemunhos do presente e imaginar testemunhos do futuro. Mas sermos convencidos por esses testemunhos não é suficiente. Temos de ser convertidos.

*

O Noé invocado pelos projetos de banco de DNA foi a primeira pessoa a nascer no mundo depois da morte de Adão — a primeira pessoa que não pôde ter contato direto com a memória viva do Éden. Ele foi a primeira pessoa a adentrar um mundo em que existe morte por causas naturais, o primeiro a envelhecer sabendo que teria de morrer.

O texto diz que "Noé era um homem correto, isento de culpa em seu tempo".[290] Por que "isento de culpa em seu tempo" e não simplesmente "correto"? Porque retidão e culpa dependem de contexto. Ser uma boa pessoa na Normandia em 6 de junho de 1944 não é a mesma coisa do que ser uma boa pessoa em um mercadinho em 2019. O gueto de Varsóvia trazia demandas diferentes do que o Furacão Sandy. Comer sem culpa há duas gerações não é a mesma coisa do que comer sem culpa na era da agropecuária industrial. Assim como uma situação pode inspirar força histórica, ela também pode inspirar, e demandar, uma reação ética sem precedentes. Aquilo que temos de fazer deve ser uma reação àquilo que precisa ser feito.

Noé é descrito como *ish ha'adama*, um "homem da terra" — um título irônico, ou talvez perfeito, para alguém que se associa mais fortemente a um dilúvio. Cerca de cem anos se passam entre a instrução de Deus a Noé para construir a arca e o dilúvio. Um século pode parecer muito tempo, mas, mesmo no contexto de uma história bíblica, é notável que um homem e seus filhos (sem ferramentas modernas, sem eletricidade, sem lojas de departamentos) tenham sido capazes de construir uma estrutura grande o suficiente para salvar um par de cada espécie de animal em tão pouco tempo.

Mas é quase impossível ter de sustentar uma crença por um século. Imagine como deve ter sido passar esses anos para Noé —

todo dia ser chamado de louco, todo dia afirmar, com todo o seu ser (seus esforços, recursos, propósitos), um compromisso com algo que não tinha como ser provado. Quanto mais o tempo o separava da instrução de Deus — quanto mais a ordem parecia algo *lá longe* —, mais difícil deve ter sido manter a convicção necessária. Deve ter sido necessário manter um diálogo interno constante e um fornecimento regular de desculpas. Será que cidadãos comuns participariam de blecautes para uma guerra que vai acontecer dali a cem anos?

No entanto, Noé tinha mais sorte do que nós. Temos muito menos do que um século para construir nossa arca — temos, talvez, uma década para fazer as mudanças que ainda não conseguimos honestamente bancar, com os outros ou sozinhos. E, diferentemente de Noé, temos de fazer tudo isso sem fé. Sem as instruções lá de cima, não somente temos de nos motivar a agir, mas também temos de escolher que tipo de arca construir. Nossa arca poderia ser uma espaçonave para colonizar Marte. Ou poderia ser um banco de sementes para recomeçar depois do colapso da flora ou um banco de DNA para recomeçar depois do colapso da fauna. Poderia ser um ato de suicídio coletivo. Ou poderia ser uma onda de ações coletivas.

Depois que as águas recuaram, Deus ofereceu o arco-íris como símbolo de sua aliança com toda a criação para que nunca mais destruíssem a Terra: este planeta será nossa única casa. "Meu arco tenho posto nas nuvens e ele será sinal de pacto entre mim e a Terra, o arco aparecerá nas nuvens. Então me lembrarei de minha aliança, entre mim e vocês e toda criatura vivente de carne, e as águas não mais serão a cheia que destrói toda carne. E o arco estará entre as nuvens e eu o verei para lembrar da aliança eterna entre Deus e todas as criaturas viventes, toda a carne que há na terra."

Ele usa o verbo "lembrar" duas vezes. É estranho que um ser todo-poderoso precisaria de um lembrete para se lembrar de não erradicar Sua criação mais importante. O Deus da Torá é esquecido, Ele precisa de lembretes — os escravos lamentadores do Egito, símbolos de suas alianças — e Ele deixa claro que o lembrete é *para Ele*. Mas esse não é um bilhetinho de mesa de cabeceira que alguém escreve para si mesmo. O lembrete de Deus é dramático e público — escrito literalmente no céu. Então, seja qual for a intenção, o arco-íris também é um sinal mnemônico para Noé. Para a humanidade. Somos lembrados daquilo que Deus fez por nós, e para nós, e do que Deus prometeu. Mais do que isso, no entanto, o arco-íris nos lembra de algo que parece tão essencial que não precisaria de lembretes, mas, por ser tão essencial, precisa de lembrete mais do que qualquer outra coisa: que não queremos ser destruídos.

Globalmente, mais pessoas morrem de suicídio do que o total de pessoas que morrem em decorrência de guerras, assassinatos e desastres naturais.[291] Temos maior propensão de nos matar do que de sermos mortos e, nesse sentido, temos de temer a nós mesmos mais do que temos aos outros. O arco-íris também é uma corda: ela pode ser jogada para alguém que está se afogando ou pode se tornar uma forca.

Ninguém, a não ser nós mesmos, vai destruir a Terra, e ninguém, a não ser nós mesmos, vai salvá-la. As condições mais desesperançosas podem inspirar as ações mais esperançosas. Encontramos maneiras de recuperar a vida na Terra caso haja colapso total porque encontramos maneiras de causar um colapso total da vida na Terra. Somos a enchente e somos a arca.

Eis a questão

Na manhã de 14 de abril de 2018, o advogado defensor de direitos civis David Buckel entrou em uma área do Prospect Park, no Brooklyn, em que já estive milhares de vezes. Quando morei no bairro, era onde sempre ia caminhar com o cachorro, brincar com meus filhos ou simplesmente organizar os pensamentos. Às 5h55, ele mandou um e-mail para veículos de notícias explicando a decisão que estava prestes a tomar. E então se besuntou de gasolina e colocou fogo em si mesmo.

De acordo com seu marido e seus amigos, ele não andava deprimido. E ele teve presença de espírito o suficiente para deixar pelo menos três mensagens diferentes explicando sua ação, além do e-mail. O mais curto desses bilhetes tinha sido escrito à mão: "Sou David Buckel e acabo de me matar por autoimolação como suicídio de protesto."

Um segundo bilhete foi encontrado enrolado em um saco de lixo em um carrinho de compras ali perto.[292] Ele dizia: "A poluição está arrasando nosso planeta, supurando inabitabilidade por meio do ar, do solo, da água e do clima. Nosso presente fica cada vez mais desesperador, nosso futuro precisa que façamos mais do que estamos fazendo."

Buckel foi um advogado de direitos civis que tinha todas as razões para acreditar que o progresso era mais do que uma fantasia. Ele foi um pioneiro, reconhecido nacionalmente, dos direitos de gays e transgêneros. O casamento gay foi legalizado durante a vida adulta de Buckel graças, em parte, a seus próprios esforços. Em uma atmosfera de apatia e resignação, ele parecia esperançoso e motivado. Os que caracterizaram seu suicídio como um ato de derrotismo ignoram o fato de que sua morte foi, explicitamente, um protesto. E não há ação mais dependente da crença de que as coisas poderiam ser diferentes do que um protesto. "Propósitos nobres em vida são um convite a propósitos nobres na morte", disse Buckel em sua carta de suicídio.

*

Três meses depois, o *New York Times* publicou o ensaio "Criando minha filha em um mundo condenado".[293] Meia dúzia de amigos me mandaram esse artigo. Na primeira leitura, achei tocante. O autor era Roy Scranton, o mesmo que escreveu "Aprendendo a morrer no antropoceno". Scranton descreve a potente mistura de emoções que sentiu quando a filha nasceu: "Chorei duas vezes quando minha filha nasceu." Primeiro, vieram as lágrimas de alegria, e depois, de tristeza: "Minha companheira e eu tínhamos sido egoístas em condenar nossa filha a viver em um planeta distópico, e eu não conseguia enxergar formas de protegê-la do futuro."

Fiquei feliz por mais uma contribuição para a conversa sobre a crise planetária. Scranton é não só ponderado como entusiasmado, informado, e é também um excelente escritor. Expressou algo que senti muitas vezes enquanto pai. E não é coincidência que tantas pessoas tenham me mandado o artigo, e que todas elas fossem pais.

Nesse ensaio (e em outros), Scranton fala sobre a crise ambiental com o tipo de rigor filosófico que falta neste diálogo — um tipo de pensamento de que precisamos desesperadamente para poder compreender nossa crise. Como observa David Wallace-Wells em seu artigo "A terra inabitável"[294]: "Não desenvolvemos uma religião cheia de significados ligada à mudança climática para nos confortar ou nos dar um propósito frente à possibilidade de aniquilação." Scranton propõe uma religião assim em seu artigo, mas o problema é que ela não oferece um propósito frente à aniquilação — ela desiste. Relendo o artigo de Scranton, senti frustração e até raiva. Quanto mais tempo passava lendo, mais entendia o artigo como um tipo de carta de suicídio.

Ao considerar a "ética da vida em uma sociedade de consumo movida a carbono", Scranton observa que muitas pessoas defendem uma vida mais responsável. "Pegue a frequentemente citada carta de pesquisa de 2017 escrita pelo geógrafo Seth Wynes e pela cientista ambiental Kimberly Nicholas, que defende que os passos mais efetivos que qualquer um de nós podemos dar para diminuir as emissões de gás carbônico são comer uma dieta à base de plantas, evitar voar de avião, viver sem carro e ter um filho a menos" (ele está se referindo a um artigo que citei anteriormente, "The Climate Mitigation Gap: Education and Government Recommendations Miss the Most Effective Individual Actions",[295] onde se defende que a maioria dos esforços para conter a mudança climática que são ensinados e recomendados são relativamente insignificantes). "O principal problema dessa proposta", ele continua, "não é com as ideias relativas à frugalidade, voar menos ou se tornar vegetariano, o que é ótimo, mas sim com o modelo social que essas recomendações pressupõem: a ideia de que podemos salvar o mundo por meio de escolhas individuais de consumo. Não podemos."

Por que não?

Porque o mundo é uma "complexa dinâmica de recursos" com "motivadores internos e externos".

Não tenho total certeza do que isso significa, mas seja lá o quão complexo for o mundo, as pessoas ainda assim reciclam, protestam, votam, recolhem o lixo, apoiam empresas com boas práticas, doam sangue, intervêm quando alguém parece estar correndo perigo, questionam comentários racistas e abrem caminho para ambulâncias. Essas ações não fazem bem só à saúde individual de quem pratica, mas são essenciais para a saúde da sociedade: as ações são testemunhadas e replicadas.

Em seu livro *Connected: The Surprising Power of Our Social Networks and How They Shape Our Lives* ["Conectados: o poder surpreendente de nossas redes sociais e como elas moldam nossas vidas"][296], Nicholas A. Christakis e James H. Fowler chamam as redes sociais de "um tipo de superorganismo humano". Segundo eles afirmam: "Descobrimos que se o amigo do amigo do nosso amigo ganhasse peso, você ganharia peso. Descobrimos que se o amigo do amigo do seu amigo parasse de fumar, você pararia de fumar. E descobrimos que se o amigo do amigo do seu amigo ficasse feliz, você ficaria feliz." Embora frequentemente se diga que a obesidade é uma epidemia, ela raramente é descrita como contagiosa. Mas Christakis e Fowler ilustram que — assim como fumar e rejeitar cigarros, assédio sexual e a rejeição do assédio sexual — a obesidade é uma tendência:

> Em uma regularidade surpreendente que, como descobrimos, surge em muitos fenômenos de rede, a aglomeração obedecia à nossa Regra dos Três Graus de Influência: a pessoa obesa média tinha mais chance de ter amigos, amigos de amigos e amigos de amigos de amigos que são obesos do que se esperaria de acordo somente com o acaso. A pessoa não obesa média, da mesma forma, tinha mais chance de ter contatos não obesos até três graus de separação. Para além desses três graus, a aglomeração se dissipava. Na verdade, as pessoas parecem ocupar nichos dentro da rede em que ganho ou perda de peso se tornam um tipo de padrão local.[297]

No que diz respeito à saúde, essa pesquisa sugere que o comportamento individual causa muito mais impacto do que as diretrizes federais de alimentação, que a maioria dos cidadãos nos Estados Unidos não segue. Embora as estruturas sejam relevantes — desertos alimentares, subsídios e cantinas com ofertas de comida insalubre certamente influenciam a alimentação —, os padrões mais contagiosos são aqueles modelados por nós mesmos.

Não somos impotentes em nossa "dinâmica recursiva e complexa" com "motivadores internos e externos" — nós *somos* os motivadores internos. Sim, existem sistemas poderosos — o capitalismo, a agropecuária industrial, o complexo industrial de combustíveis fósseis — que são difíceis de desmantelar. Um engarrafamento não se faz com um só motorista. Mas não existe engarrafamento sem motoristas individuais. Estamos presos no engarrafamento porque *somos* o engarrafamento. As maneiras pelas quais vivemos nossas vidas, as ações que tomamos ou deixamos de tomar podem alimentar os problemas sistêmicos e também podem mudá-los: processos abertos por indivíduos modificaram o Boy Scouts of America ["Escoteiros da América"], os depoimentos de indivíduos iniciaram o movimento #MeToo, indivíduos que participaram da Passeata de Washington por Empregos e Liberdade[298] abriram caminho para a Lei de Direitos Civis de 1964 e a Lei de Direitos Eleitorais de 1965. Assim como Rosa Parks ajudou a dessegregar o transporte público, assim como Elvis ajudou na prevenção da pólio.

Scranton diz: "Somos tão livres para escolher como viver quanto para desobedecer às leis da física. Escolhemos a partir de opções possíveis, e não *ex nihilo*."

Sim, existem restrições às nossas ações, convenções e injustiças estruturais que ajustam os parâmetros do que é possível. Nosso livre arbítrio não é onipotente — não podemos fazer o que quisermos. Mas, como diz Scranton, estamos livres para escolher a partir de opções possíveis. E uma das nossas opções é fazer escolhas com consciência ambiental. Não é preciso desobedecer às leis da física — e nem eleger um presidente ambientalista — para escolher algo à base de plantas em um cardápio ou no mercado. Embora possa ser um mito neoliberal dizer que decisões individuais têm o verdadeiro poder, é um mito derrotista dizer que decisões individuais não têm poder algum. Tanto ações micro quanto macro têm poder, e, no que diz respeito a mitigar a destruição do nosso planeta, é antiético menosprezar qualquer uma das duas, ou proclamar que porque o grande não pode ser alcançado, não se deve sequer tentar o pequeno.

Precisamos de mudanças estruturais, é verdade — precisamos de uma rejeição global aos combustíveis fósseis em favor de energia renovável. Precisamos praticar algo como uma taxa de carbono, tornar obrigatórios selos ambientais para produtos, substituir plástico por soluções sustentáveis e construir cidades favoráveis a pedestres. Precisamos de estruturas para nos empurrar em direção a decisões que já queremos tomar. Precisamos resolver eticamente o relacionamento do Ocidente com o Sul Global. Talvez precisemos até mesmo de uma revolução política. Essas mudanças vão demandar saltos que indivíduos sozinhos não podem dar. Mas, deixando de lado o fato de que revoluções coletivas são feitas de indivíduos, lideradas por indivíduos e reforçadas por milhares de revoluções individuais, não teremos chance alguma de alcançar nosso objetivo de limitar a destruição ambiental se indivíduos não tomarem a decisão bastante individual de se alimentar de forma diferente. É obviamente verdade que uma pessoa decidir adotar uma alimentação à base de plantas não vai salvar o mundo, mas é obviamente verdade que a soma de milhões de decisões vai.

Em resposta às mudanças em estilo de vida propostas por Wynes e Nicholas, Scranton diz:

> Seguir as recomendações significaria cortar relações com a vida moderna. Significaria optar por uma existência hermé-

tica, isolada e abandonar qualquer conexão profunda com o futuro. Enfim, levar a sério o argumento de Wynes e Nicholas significaria reconhecer de verdade que a única reação verdadeiramente moral à mudança climática global é cometer suicídio. Simplesmente não há uma forma mais efetiva de diminuir sua pegada de carbono. Morto, ninguém vai usar mais eletricidade, comer carne, consumir gasolina, e certamente não terá mais filhos. Se você quer mesmo salvar o planeta, você deveria morrer.

Esse é um salto extremo. Imagine a si mesmo escolhendo não comer produtos de origem animal antes do jantar, escolhendo pegar avião duas vezes a menos por ano. Sem colocar em questão se isso seria possível para você, isso parece uma "existência hermética, isolada"? Ou parece uma adaptação razoável? É verdade que tomar decisões em nome da saúde do planeta vai nos fazer cortar relações com um hedonismo desenfreado, mas é isso que define, para nós, a "vida moderna"? Se for, deveria ser um alívio se distanciar. É somente ao tomar essas decisões, ao fazer essas adaptações, que vamos garantir uma "conexão profunda com o futuro".

Não existe forma mais efetiva de diminuir a pegada de carbono do que morrer, mas isso sugere que a pegada de carbono de cada pessoa é independente. A não ser que você compre sua comida secretamente e coma dentro do armário, você não faz refeições sozinho. Nossas escolhas alimentares são contágios sociais, sempre influenciando os que estão à nossa volta — os supermercados têm registros de todos os itens que são vendidos, restaurantes ajustam seus cardápios de acordo com a demanda, serviços de fornecimento de comida verificam o que é desperdiçado e nós pedimos "o mesmo que ela pediu". Comemos em família, em comunidade, como gerações, nações e cada vez mais como planeta. Escolhas de consumo individuais podem ativar uma "dinâmica recursiva complexa" — ação coletiva — gerativa e não paralisante. Embora o ato do suicídio possa influenciar outras pessoas, é uma influência final. Não poderíamos impedir nossa alimentação de irradiar influências nem que quiséssemos.

Ainda mais importante é a questão de o que estamos tentando salvar. "Se você realmente quiser salvar o planeta, você deveria morrer", disse Scranton. Mas o planeta *não é* aquilo que queremos salvar. Nós queremos salvar a vida no planeta — a vida das plantas, a vida dos animais e a vida humana. Aceitar a violência necessária da nossa existência é o primeiro passo para minimizá-la: temos de consumir recursos para sobreviver. Isso continuaria sendo verdade em qualquer utopia política. Mas muitas espécies, incluindo humanos, conseguiram viver em harmonia com a natureza, e não por meio de suicídio. Essa harmonia é alcançada vivendo como se só tivéssemos uma Terra, e não quatro. Tratando o planeta como nossa única casa.

Scranton então descreve o suicídio de David Buckel, concluindo que "seu autossacrifício leva a lógica da escolha pessoal às últimas consequências".

Eu não apoio o suicídio de Buckel e nenhum outro. Mas é importante lembrar que ele não se matou para estancar sua pegada de carbono. Sua autoimolação, na tradição dos monges budistas que atearam fogo em si mesmos para protestar contra a guerra do Vietnã, foi explicitamente projetada para ser testemunhada: para ficar marcada na consciência pública, para incitar mudanças; ele transformou em arma um ato de autodestruição para nos lembrar de que não queremos nos autodestruir.

A escolha real que enfrentamos não é a do que comprar, se devemos voar de avião ou se devemos ter filhos, mas sim se estamos dispostos a nos comprometer a viver eticamente em um mundo corrompido, um mundo em que os seres humanos dependem, para a sobrevivência coletiva, de um tipo de graça ecológica.

E o que significa viver eticamente senão fazer escolhas éticas? Entre essas escolhas estão o que comprar, voar ou não de avião, quantos filhos ter. O que é graça ecológica senão a soma de decisões diárias, a toda hora, de pegar menos coisas do que as mãos conseguem segurar, de comer outra coisa que não é o que nossos estômagos mais querem, de criar limites para nós mesmos para que possamos todos compartilhar o que sobrar?

Não posso proteger minha filha do futuro e não posso sequer prometer a ela uma vida melhor. A única coisa que posso fazer é ensinar: ensiná-la a se importar com as coisas, a ser bondosa e a viver dentro dos limites da graça da natureza. Posso ensiná-la a ser dura na queda, porém resiliente, adaptável e prudente, porque ela vai ter de lutar pelo que precisa. Mas também preciso ensiná-la a lutar pelo que é certo, porque nenhum de nós está sozinho nessa. Preciso ensiná-la que todas as coisas morrem, até mesmo ela e eu e a mãe dela e o mundo como conhecemos, mas que aceitar essa verdade difícil é o primeiro passo para a sabedoria.[299]

Esse não é o primeiro passo para a sabedoria. Esse é o último suspiro de resignação.

Quem se importa se a filha dele se importa com as coisas? Os netos dela não vão se importar. O que vai fazer a maior diferença para eles não é se ela foi bondosa, ou dura na queda, mas resiliente, ou adaptável e prudente. O que vai mais fazer diferença para eles é se ela fez o que era necessário. O futuro não depende de nossos sentimentos, e, em grande medida, depende de que superemos os nossos sentimentos.

Scranton tem razão quando diz que ninguém está sozinho nessa. Por que não ensinar à filha que, se ela se alimentar de forma diferente, e convencer outras pessoas a fazer o mesmo, ela — *eles*

— *nós* — poderia fazer parte da salvação do planeta? Em vez de prepará-la para "lutar pelo que precisa", que tal lutar pelo que todos nós precisamos? Comer menos carne, voar menos, dirigir menos, ter menos filhos — essas escolhas são lutas. Se não fossem, nós as teríamos feito há muito tempo. Eu ainda não consegui cortar laticínios e ovos da minha alimentação. Se eu fosse qualquer outro tipo de animal, minhas obrigações terminariam onde começa meu desejo. Mas sou humano, e é aí onde minhas obrigações começam. A decisão de lutar pelo que é correto demanda que cortemos relações com o que é errado.

Não conheço Roy Scranton e não conheço a filha dele, mas tenho obrigações em relação a eles, assim como eles têm obrigações em relação à minha família. Assim como americanos têm obrigações em relação aos bengaleses. Assim como moradores de bairros ricos têm obrigações em relação aos que vivem em ilhas urbanas de calor e desertos alimentares. Assim como as pessoas vivendo no presente têm obrigações em relação às gerações futuras.

*

Eu concordo com Scranton sobre não termos como conceituar a crise ambiental adequadamente — certamente não ficaremos alarmados com ela — até que consigamos reconhecer sua capacidade de nos matar. Porque nós a criamos, isso significa que temos de reconhecer esse fato. Temos de ter consciência da morte que nos cerca, mesmo que ela não tenha acontecido ainda, mesmo quando é fácil não percebê-la, mesmo quando o nosso suicídio mata primeiro os outros.

Alguns meses atrás, um homem cometeu suicídio em seu carro a apenas alguns quarteirões do meu escritório na New York University (NYU).[300] Apesar de viver em uma época de compartilhamento e voyeurismo, e apesar de viver em uma cidade transbordando de pedestres e câmeras de segurança, seu corpo morto ficou no carro despercebido por uma semana. Certo dia, um corretor de imóveis cujo escritório é ali perto estacionou sua moto em frente ao veículo. Ele não conseguia acreditar que havia um corpo ali dentro, ou que estava ali por tanto tempo. Guardas de trânsito que multam carros estacionados do lado errado da rua muitas vezes ignoram o veículo se houver um motorista ao volante. Presumivelmente, alguns guardas viram seu corpo, mas assumiram que estava vivo. Uma criança reclamou de um cheiro horrível ao passar pelo carro e vomitou na calçada. A mãe não percebeu nada. Alguém que estava andando com um cachorro notou uma figura no carro e pensou que fosse um motorista de Uber tirando um cochilo. Quando viu que o corpo ainda estava ali dois dias depois, ligou para a polícia.

Existem apenas duas reações possíveis à mudança climática: resignação ou resistência. Podemos nos entregar à morte ou podemos usar a perspectiva de morrer para dar ênfase à vida. Jamais saberemos o que o autor de "Contenda com a alma de alguém que se cansou da vida" escolheu. Ainda não sabemos o que vamos escolher.

É horrível imaginar se deparar com o corpo carbonizado de David Buckel. Parece ainda mais horrível do que imaginar que passamos por um corpo morto várias vezes sem perceber. Mas há algo ainda pior: não perceber que estamos vivos.

Quatro dias depois do suicídio de Buckel, uma das pessoas que estava fazendo jogging e encontrou o corpo escreveu um belo ensaio curto, refletindo sobre correr, literal e metaforicamente. Mas foi a descrição que ela fez do parque naquela manhã, os primeiros minutos antes de encontrar Buckel, o que permaneceu comigo. Ela tinha acabado de voltar de uma viagem para o exterior e estava ansiosa para se exercitar. "Os pássaros estavam cantando, o sol brilhava e, ao percorrer aqueles caminhos cheios de árvores, me senti mergulhada em uma alegria de estar de volta em casa e estar viva."[301]

Se tudo acontecer como a natureza planeja, a filha de Buckel, a filha de Scranton e os meus filhos vão viver em um planeta sem os seus pais. Espero que eles se sintam mergulhados em uma alegria de estar em casa e vivos. Espero que os pais deles, cada um à sua maneira, dando o melhor de suas escolhas e habilidades, tenham feito o que tiveram de fazer para isso acontecer. Espero que ensinemos a eles — não só com palavras, mas com escolhas — a diferença entre correr em direção à morte, correr da morte e correr em direção à vida.

Depois de nós

Estou sentado ao lado da cama da minha avó enquanto escrevo estas palavras. Trouxe os meninos comigo, sabendo ser quase certo que esta será a última vez que eles verão a bisa. Meu filho mais velho está no andar de baixo, segundo ele, ensaiando para seu *bar mitzvah*, embora eu não o esteja ouvindo cantar. Meu filho mais novo está sentado de pernas cruzadas aos meus pés, girando seu dente mais do que solto. Ele está "querendo sair" há dias, um status que, de forma suspeita, se parece muito com "querendo ficar dentro". O quarto está tão silencioso que consigo ouvir a raiz do dente quando meu filho o gira. O som é o mesmo que o de uma flor de papel. As folhas estão prestes a cair lá fora. Impossível não imaginar minha avó debaixo da terra, segurando a raiz da flor de guardanapo enquanto meu filho chacoalha o bulbo inocentemente.

*

Passaram-se dois meses. Mandei um e-mail para meu pai perguntando qual é o tipo de árvore que minha avó via pela janela. Ele respondeu: "Acho que você está pensando naquele bordo japonês maravilhoso. Infelizmente, não sobreviveu. Foi substituído por um sicômoro, eu acho. Ainda está pequeno." Na primeira carta de suicídio, o autor observa: "No entanto, a vida é um estado transitório, e até as árvores tombam." O dente permanente do meu filho começou a despontar na raiz.

*

Quando Stephen Hawking presidiu a assinatura da "Declaração sobre a Consciência" da Cambridge University,[302] ele defendeu a ideia de que, assim como os humanos, os animais que comemos têm a experiência da consciência, "junto com a capacidade de exibir comportamentos intencionais". De forma geral, tratamos outros humanos humanamente porque damos valor às suas consciências. Essa é também a razão pela qual muitos vegetarianos não comem animais. E é provavelmente a defesa que faríamos de nossa vida para que um alienígena mais poderoso nos desse tratamento humanizado.

Mas e se o alienígena não considerasse suficiente a consciência? E se ele quisesse saber o que se *faz* com a consciência? Humanos podem até ter a "capacidade de exibir comportamentos intencionais", mas como a exercitamos? É melhor não infligir dor desnecessariamente em algo que sente dor, mas será que esse é um argumento em favor da sobrevivência desse ser? Considero bastante fácil argumentar contra a agropecuária industrial, mas o argumento contra comer carne em si sempre foi desafiador para mim.

Qual é o argumento a favor da nossa sobrevivência?

*

Meu filho mais novo quase sempre me pede para ficar ao lado da cama dele até perceber que ele está dormindo. Às vezes, enquanto estou sentado ali, penso na última vez que minha mãe viu seu pai antes de dormir, quando ele ficou lhe dando beijos e dizendo que a amava. Às vezes eu já sinto saudade do que ainda nem perdi, como se estivesse enxergando através da obra de arte a parede vazia que fica por trás.

Muitas vezes fico escrevendo enquanto espero pela respiração pesada do meu filho — o som da minha digitação o reconforta, garantindo que ainda estou lá — e estou agora sentado no chão do quarto dele. A partir de indícios minúsculos demais para se detectar, ele está ficando grande para os pijamas, e vai ficar maior do que eu. Eu sei aquilo em que me recuso a acreditar: não há império grande o bastante, ou pequeno o bastante, para ser duradouro.

Toda vez que dizemos "crise", também estamos dizendo "decisão". Precisamos decidir o que vai crescer em nosso lugar — precisamos plantar nossa compensação ou nossa vingança. As nossas decisões vão determinar não somente como as futuras gerações vão nos avaliar, mas se elas vão existir para nos avaliar, em primeiro lugar.

Observamos as ações dos civis durante a Segunda Guerra Mundial de camarote, pois vencemos a guerra. A vitória custou a destruição de vidas, paisagens e culturas. Talvez observemos aquelas casas apagadas com admiração, porém, mais provavelmente, o que pensamos é: *foi o mínimo que poderíamos ter feito*.

E se as pessoas tivessem se recusado a fazer esforços domésticos e tivéssemos perdido a guerra? E se o custo tivesse sido não extremo, mas total? Não 80 milhões, mas 200 milhões ou mais? Não a ocupação da Europa, mas a dominação do mundo? Não um Holocausto, mas uma extinção? Se tivéssemos assim mesmo existido, veríamos essa falta de disposição coletiva de fazer sacrifícios como uma atrocidade tão grande quanto a própria guerra.

Populações humanas levaram outras populações à beira da erradicação inúmeras vezes em toda a história. Agora, a espécie como um todo ameaça a si mesma de cometer suicídio em massa. Não porque alguém esteja nos obrigando. Não porque não temos consciência. E não porque não tenhamos alternativas.

Estamos nos matando porque escolher a morte é mais conveniente do que escolher a vida. Porque as pessoas cometendo suicídio não são as primeiras a morrer por causa dele. Porque acreditamos que algum dia, em algum lugar, algum gênio há de inventar uma tecnologia milagrosa que vai mudar o mundo para que não precisemos mudar nossas vidas. Porque o prazer em curto prazo é mais sedutor do que a sobrevivência em longo prazo. Porque ninguém quer exercer sua capacidade de comportamento intencional até que os outros também o façam. Até que o vizinho o faça. Até que as empresas de energia e automobilísticas o façam. Até que o governo federal o faça. Até que a China, a Austrália, a Índia, o Brasil e o Reino Unido — até que o mundo o faça. Porque ignoramos as mortes que cruzam nosso caminho todo dia. "Temos de fazer alguma coisa", dizemos uns aos outros, como se recitar uma frase fosse suficiente. "Temos de fazer alguma coisa", dizemos a nós mesmos, e ficamos esperando instruções que não estão a caminho. Sabemos que estamos escolhendo nosso próprio fim; mas não conseguimos acreditar nele.

A cada inspiração, inalamos moléculas do último suspiro de César. E também de Nina Simone e John Wilkes Booth; Hannah Arendt e Henry Ford; Maomé, Jesus, Buda e Confúcio; Roosevelt, Churchill, Stalin e Hitler; Enrico Fermi, Jeffrey Dahmer, Leonardo da Vinci, Emily Dickinson, Thelonious Monk, Cleópatra, Copérnico, Sojourner Truth, Thomas Edison e J. Robert Oppenheimer: todos heróis e vilões, criadores e destruidores.

Mas a maioria dessas moléculas expiradas vem de cidadãos comuns, pessoas como nós. Acabo de inalar minha bisavó dizendo "Você tem muita sorte de estar indo embora". E o silêncio que minha avó compartilhou com a mãe dela antes de ir embora. E o meu avô dizendo à minha mãe que a amava em iídiche naquela última noite. E Frankfurter dizendo "Minha mente, meu coração, eles funcionam de uma forma que não me permite aceitar isso." Mais de 100 bilhões de humanos viveram em nosso planeta antes de nós.[303] Com cada uma de nossas respirações, podemos nos perguntar se merecemos aquilo que nos foi dado.

Ou vamos nos levantar para enfrentar a crise planetária ou não vamos. Ou vamos ser uma onda, ou vamos nos afogar. Se não superarmos nosso agnosticismo e modificarmos nosso comportamento das formas que *sabemos* ser necessárias, como nossos descendentes vão nos julgar? Será que eles vão saber que herdaram um campo de batalha porque não estávamos dispostos a apagar as luzes?

Quando a minha avó fugiu dos nazistas na adolescência, estava salvando mais do que ela mesma: estava salvando minha mãe, meus irmãos, eu, meus filhos, minhas sobrinhas e sobrinhos, e todas as pessoas que virão depois de nós. A vida não é sempre indispensável em abstrato, mas é sempre indispensável no particular.

Alguns humanos vão sobreviver à mudança climática em populações esparsas e vulneráveis. Mas, assim como todas as outras extinções em massa de que se tem registro demonstram, as espécies que sobreviveram a uma extinção quase certamente vão ser dizimadas na próxima. As populações e recursos ficam escassos demais para uma segunda resiliência.

Ainda que os humanos sobrevivam ao aquecimento global, o próximo dilúvio proverbial vai ser, quase com certeza, o fim de nosso curto reinado neste planeta. Pode ser um vírus letal, uma seca, uma era do gelo, uma erupção vulcânica. Talvez a escassez de recursos desencadeie uma última guerra.

Em algum ponto, talvez mesmo em nossa primeira tentativa, conseguiremos a morte.

E então nosso planeta vai orbitar de maneira não inteligente pelo resto dos tempos, uma rocha não inteligente entre rochas não inteligentes em um universo não inteligente. A breve experiência com a consciência humana — com aprender palavras, plantar sementes, estimar o espaço entre as barras paralelas no parquinho, girar dentes moles, se fantasiar com fronhas de travesseiro, enfiar lápis dentro do gesso, fazer chapeuzinhos e barba falsa usando papel de jornal, fazer aviãozinho de papel, fincar bandeiras, fazer truques de baralho, compartilhar *selfies*, lidar com ciúmes, erguer postes para levar eletricidade a comunidades remotas, erguer pilares para belas pontes, remar veleiros durante calmarias, baixar bandeiras a meio-mastro, sofrer para dobrar mapas depois de abri-los, descobrir as medidas de anéis de noivado, lançar telescópios para ver ainda mais longe no passado, cortar cordões umbilicais, amortizar, verificar a temperatura do leite nas costas da mão, consertar telhados, abrir espaço para ambulâncias, apostar corrida com ciclones, preparar testamentos, ter lembranças distorcidas de casas da infância, escolher tratamentos de câncer, amassar rascunhos ruins de panegíricos, adiantar o relógio em alguns minutos para se enganar, apagar as luzes para economizar eletricidade ou ter um modo livre de vida — vai ser esquecida para sempre.

Ou talvez vá haver vida depois de nós. Talvez os próximos habitantes do que foi um dia nossa casa cheguem não tão depois de nossa partida e encontrem artefatos da nossa época: fragmentos de construções de pedra, pedaços de plástico, umas concentrações estranhas de silício. Talvez eles encontrem marcas de mãos humanas em uma caverna no sul da Argentina datadas de 7.300 a.C. e pegadas humanas na Lua, assumindo que essas duas expressões são igualmente primitivas ou igualmente sofisticadas. Talvez exibam nossos restos em um museu, acompanhados de textos fazendo hipóteses sobre nossas intenções e como era ser humano:

> Preferiam andar em grupos, às vezes somente em dois. Consumiam alimentos quando não estavam com fome, praticavam atividades sexuais para fins não reprodutivos e adquiriam posses e conhecimento desnecessários. Tinham problemas com hidratação e gravidade. Registravam suas experiências com utensílios de escrita que desapareciam com o uso. Os

cabelos costumavam mudar de cor, mas os olhos não. Juntavam as mãos para expressar aprovação e até os não crentes cobriam os pés. Levantavam objetos pesados, reorganizavam os dentes. Os vivos precisavam manter distância dos mortos, mas os mortos precisavam ficar perto uns dos outros. Tinham nomes, mas bem poucos tinham nomes incomuns. Tinham inúmeras línguas e sistemas de medida, mas nenhuma língua ou sistema de medida universal. Pagavam estranhos para tocar suas costas. Sentiam-se atraídos por cadeiras, coisas indefesas, privacidade e exposição (mas nada no meio-termo), minerais refletores, pedaços de vidro retangulares, violência organizada. Cada grupo escolhia alguns membros para adoração. Tinham dificuldades de se manter conscientes no escuro. Não usavam armaduras. Procuravam espelhos para confirmar a existência daquilo que não queriam ver. Tinham visão seriamente limitada. Passavam a data de sua morte todo ano sem jamais notar, e forçavam a respiração para dentro de bexigas de borracha para comemorar o nascimento. Suas necessidades eram grandes demais. Fazer nada para salvar sua espécie precisou da participação de todos eles. Cada um começou a vida como bebê, e coletivamente foram — em relação à história deste planeta — extraordinariamente jovens.

Carta de vida

Meninos queridos,

Como passei bastante tempo com a bisa nos últimos meses, ela estava sempre na minha cabeça enquanto eu escrevia este livro. Fez um certo sentido, considerando os temas: sobrevivência, responsabilidade geracional, fins e começos. Mas também parei de me importar se fazia sentido. Tem um refrão naquela primeira carta de suicídio: "Com quem eu falo hoje?" Essa pergunta está entremeada em toda a contenda do autor consigo mesmo, como se a resposta pudesse resolver a questão. Esta aqui não é uma carta de suicídio de qualquer tipo — é o oposto —, mas, enquanto escrevia, voltava para o mesmo estribilho: *Com quem eu falo hoje?* Comecei este livro desejando convencer estranhos a fazer alguma coisa. E, embora eu continue a ter esperança de que o livro consiga fazer isso, ao chegar no final, me vejo querendo falar somente com vocês.

Eu ia pegar o trem para Washington para ver a bisa esta manhã, mas decidi esperar até o fim de semana, para poder levar vocês dois comigo. A vovó me ligou não muito depois que voltei pra casa após deixar vocês na escola e me disse que a bisa tinha acabado de falecer. Fui direto para a Penn Station, dormi durante todo o trajeto e cheguei na casa da vovó e do vovô na hora do almoço.

Estou agora no quarto da bisa. A funerária só vem buscar o corpo daqui a umas duas horas. Estou sentado do lado da cama dela. Julian e Jeremy ficaram um tempo aqui. Judy também. A vovó e o vovô entram e saem. Mas agora estou só eu.

É a coisa mais estranha não ver o lençol subindo e descendo. Fico procurando o movimento, esperando o movimento, e ele teima em não acontecer. E, mesmo assim, o quarto parece tão cheio da vida dela quanto nunca. Seu coração parou de bater, mas ainda reverbera.

*

Seu bisavô, o marido da bisa, se matou alguns anos depois de imigrar da Europa para os Estados Unidos. Não tenho certeza se vocês já sabiam disso — ou se sabiam que sabiam. É uma dessas coisas de que nunca se fala. Ele sobreviveu ao Holocausto, mas não conseguiu sobreviver à própria sobrevivência. Ele morreu 23 anos antes de eu nascer e, até pouco tempo atrás, as poucas coisas que eu sabia sobre ele eram as que eu adivinhava a partir das histórias que a sua avó me contava — a maioria tinha a ver com o quanto ele era inteligente e engenhoso. Eu fiquei sem saber que ele tinha se matado até os meus trinta anos. Tive de descobrir sozinho. Nos últimos anos, sua avó ficou mais aberta quanto a isso. Recentemente, ela me mostrou alguns pedaços de papel que estavam no bolso dele quando ele morreu — os pedaços de uma carta de suicídio. O primeiro começa assim: "Minha Etele é a melhor esposa do mundo."

Não é estranho que as primeiras palavras da carta de suicídio pareçam as primeiras palavras de um cartão de dia dos namorados? O escritor Albert Camus escreveu, uma vez, que "O que chamamos de razão de viver também é uma excelente razão para morrer". Seu bisavô amou muito a família. Tristeza e alegria não são contrárias. Seu oposto é a indiferença.

Talvez um dia eu mostre a vocês os bilhetes que sua avó me mostrou. Eles não estavam reunidos em um só texto, não estavam dedicados a ninguém, não eram uma explicação. Eu chamo de carta de suicídio, mas, na verdade, de que se poderia chamar uma carta desse tipo?

*

Quinze anos depois que seu bisavô se matou, Neil Armstrong aterrissou na Lua. A sua avó assistiu na televisão com a bisa. Vocês não queriam estar vivos para ver isso enquanto estava acontecendo? Vocês pensam às vezes sobre todas as coisas do passado que não viram porque não existiam ainda, ou em todas as coisas do futuro que não verão porque não estarão mais vivos? Acabei de imaginar vocês dois lendo estas palavras quando eu não estiver mais vivo.

Enquanto Armstrong se preparava para a missão,[304] o redator de discursos do presidente Nixon redigia alguns comentários para usar caso os astronautas ficassem presos na Lua. Esse discurso, chamado de "Para o caso de um desastre na Lua", começa assim:

> O destino ordenou que estes homens que foram à Lua para explorá-la pacificamente devem ficar na Lua para descansar em paz. Esses homens corajosos, Neil Armstrong e Edwin Aldrin, sabem que não há esperança de serem resgatados. Mas também sabem que há esperança para a humanidade em seu sacrifício. Esses dois homens estão colocando suas vidas nas mãos do objetivo mais nobre da humanidade: a busca pela verdade e pelo entendimento.[305]

Se você for pensar, qual é a diferença entre ser um astronauta preso na Lua e uma pessoa vivendo na Terra? É possível dizer que os dois estão presos. E nenhum dos dois tem "esperança de ser resgatado", no sentido de que todo mundo que vive tem de morrer. Seria até possível dizer que há "esperança para a humanidade por meio do sacrifício", se você acreditar que a maioria das pessoas passa a vida contribuindo para a criação, e não destruição, do mundo. A diferença entre essas duas condições é que, entre o momento presente e nossa morte, somente aqueles entre nós que têm a sorte de estarem presos na Terra podem se sentir em casa.

Quando a vovó e a bisa estavam assistindo à chegada do homem à Lua, elas ouviram Armstrong dizer aquela que é provavelmente a frase mais famosa da história da humanidade: "*One small step for man, one giant leap for mankind.*" Ele quis dizer "*One small step for a man*", mas naquele momento de tanta emoção, deixou para trás uma única letra.[306] O *a* em caixa baixa está entre as menores letras do alfabeto, fisicamente. Na língua inglesa, ele é a única letra em caixa baixa que pode ficar sozinha, ou seja, é uma palavra por si só. Talvez ele a tenha omitido subconscientemente de sua declaração porque sabia que não estava ali sozinho, que ele não era uma palavra por si só. Mas é pouco provável.

Ele quis se referir a um só passo de um indivíduo, mas, sem o *a*, foi um pequeno passo para a raça humana: "Um pequeno passo para o homem, um passo gigante para a humanidade."

Para poder contribuir com a criação do mundo, em vez de sua destruição, o indivíduo tem de agir em nome do coletivo. A humanidade dá saltos enquanto indivíduos dão passos.

"Para o caso de um desastre na Lua" ficou em exibição na Biblioteca Pública de Nova York durante o período em que eu ia até lá todos os dias para escrever meu primeiro romance. Olhava para o texto durante os intervalos da minha escrita e tinha a consciência de que aquilo estava me revelando algo, mas sem saber ao certo o quê.

Cinco anos depois, estava prestes a ser pai. Entrei em um mercadinho e vi um galão de leite com uma data de validade posterior à data prevista para o nascimento de Sasha e, pela primeira vez, *acreditei* que ele ia nascer. Apesar de ter visto as ultrassonografias, sentido ele se mexer na barriga da mamãe, acompanhado o crescimento, o nascimento de um filho era algo muito inédito, grande demais para eu conseguir formar um conceito a respeito. Mas a experiência que eu já tinha era a do que acontece quando a data de validade do leite passa.

O que era familiar se tornou uma ponta para o que era estranho, assim como o que era estranho (o terror improvável de ficar preso na Lua) se tornou minha ponte para o familiar (a sorte improvável de estar em casa, na Terra). O discurso de Nixon que nunca foi feito também aumentou minha apreciação daquilo que *de fato* aconteceu — de repente me pareceu milagroso o fato de que mandamos gente para a Lua *e* trouxe de volta para casa. Tinham me contado essa história tantas vezes que nunca me ocorreu que um resultado alternativo poderia ter ocorrido, até também me contarem. E foi por isso que fiquei voltando a esse discurso nos intervalos — ele tinha sido escrito para pessoas de outra época, para ajudá-las a contemplar o que não aconteceu, mas também foi escrito para nós, para nos ajudar a contemplar o que de fato aconteceu.

Se pudéssemos ler um discurso chamado "Para o caso de mudança climática catastrófica" agora, ou desenterrar os testemunhos das gerações futuras, ou fazer uma reunião com um equivalente de Karski para ouvir notícias sobre um horror ambiental sem precedentes, ou pescar uma garrafa no oceano com um bilhete de nossos tataranetos, ou encontrar pedaços das nossas próprias cartas de suicídio nos bolsos das nossas roupas, essas evidências seriam uma ponte do estranho ao familiar e nos ajudariam a entender a questão? Será que acreditaríamos naquilo que já compreendemos?

*

Quando eu tinha a idade de vocês, costumava fuçar o armário da vovó e do vovô, na esperança de encontrar alguma coisa que não queria encontrar: camisinhas, maconha e até pornô. Ou seus avós eram mais recatados do que eu imaginava, ou então melhores escondedores. A única coisa inesperada que encontrei foi um envelope na cômoda do vovô, enfiado no fundo de uma gaveta junto com meias pretas e bolas de squash. Do lado de fora, estava escrito: *Para a minha família*. Eu não ousei abrir o envelope, já que isso deduraria meu passatempo, mas também não senti necessidade. Ainda está lá. Confiro de vez em quando (aliás, acabei de conferir há poucos minutos). Eu sei que ele já editou a carta, porque o *Para minha família* muda — de tamanho, de cor. Embora eu não possa descartar a possibilidade de que o envelope esteja cheio de camisinhas, maconha e pornô, ou uma mensagem dizendo "pare de fuçar as minhas coisas!", sempre tive certeza do conteúdo: algumas frases concisas sobre o quanto ele amava a família, junto com informações escrupulosamente organizadas sobre planejamento de espólio, apólices de seguro, contas de banco, cofres, jazigos, doação de órgãos e por aí vai. Esse é o vovô. Em alguns anos da minha vida, isso me deixava louco. Por que ele não podia ser mais emotivo, mais expressivo? Onde tinham ido parar os arroubos que uma vida finita pede?

Mas então fiquei adulto e tive vocês, e agora eu o entendo de forma diferente. O vovô só consultava um contador se estivesse preocupado por ter pago impostos a menos. Ele comeu carne vermelha duas vezes por dia pela maior parte da vida, mas se tornou vegetariano depois que os pais dele morreram de ataque cardíaco. Seu avô provavelmente escreveu ao editor uma centena de cartas não publicadas.

Para quem são essas cartas ao editor não publicadas?

Que nome se deve dar a cartas como a da cômoda do vovô?

*

Quarenta e três anos depois que Neil Armstrong pousou na Lua e disse "Um pequeno passo para o homem", um artista chamado Trevor

Paglen lançou cem fotografias no espaço. Elas foram microgravadas em um disco ótico protegido por uma cápsula banhada a ouro. Seu objetivo era criar imagens que vão durar "tanto quanto o Sol, senão mais". Em 2012, esse disco foi alçado ao que se chama de "órbita estável", o que significa que, naquela altura — de quase 36 mil quilômetros —, o efeito da gravidade e das forças centrípetas é cancelado. Se os humanos do futuro e os alienígenas não interferirem, ela vai continuar a girar em torno da Terra até não existir mais Terra para girar em torno.

Paglen escolheu fotografias que vão desde o fotojornalismo até quase abstrações, de didáticas a impressionistas: a construção de uma bomba atômica, órfãos vendo o mar pela primeira vez, o céu por entre galhos em flor, crianças sorrindo em um campo de concentração de japoneses da Segunda Guerra Mundial, um lançamento de foguete, uma placa de pedra com inscrições matemáticas primitivas.

Eu não sei o que ele quis dizer com essas escolhas. Tem uma foto do cérebro de Trotsky, o cenário do filme *A conquista do planeta dos macacos*, o interior de um criadouro industrial de animais, Ai Weiwei mostrando o dedo do meio para a torre Eiffel, pegadas de dinossauro, o espaço sideral visto pelo telescópio Hubble, a construção da Represa Hoover, um dente-de-leão, Tóquio à noite vista de cima. A assistente de pesquisa de Paglen, Katie Detwiler, disse que eles explicitamente não queriam que o projeto "fosse ou parecesse ser uma tentativa de representar a humanidade — como se existisse essa entidade estável e monolítica". As fotografias não parecem estar tentando comunicação com outra forma de vida inteligente. Diferentemente do "Disco de Ouro" de Carl Sagan — que incluía saudações faladas em cinquenta e cinco línguas antigas e modernas e música de várias culturas, assim como imagens de equações de física e matemática, do sistema solar e seus planetas, do DNA e da anatomia humana — parece não haver esforço algum de explicar a Terra e seus habitantes. O curador de arte João Ribas chamou o ultra-arquivo de uma "mensagem cósmica na garrafa".[307]

MAIS VIDA

Em 1493, ao fazer o caminho de volta do Novo Mundo à Espanha, o navio de Cristóvão Colombo foi pego por uma tempestade terrível no norte do Atlântico e ele ficou com medo de naufragar. Por isso, escreveu uma mensagem para o Rei Ferdinando e a Rainha Isabella descrevendo suas descobertas embrulhada em um tecido encerado e colocou tudo em um barril, que ele jogou no mar. Pode ser que o barril ainda esteja flutuando pelo mar por aí, assim como o *a* de Neil Armstrong pelo espaço, coexistindo com todas as outras coisas que poderiam ter acontecido mas não aconteceram, e todas as coisas que vão acontecer mas ainda não aconteceram: a expiração do meu avô quando soprou as velas de seu bolo de aniversário de 45 anos, o arfar dos passageiros na nave espacial observando sua antiga casa ficar para trás, o primeiro sopro de vida do último humano.

As cem fotografias orbitando a Terra me lembram dos 35 mil papéis que os judeus de Varsóvia enterraram durante o Holocausto, e das sementes protegidas em silos para o caso de uma catástrofe agrícola. Mas, acima de tudo, me lembram dos bilhetes no bolso do seu bisavô: fragmentos que nada declaram, nada explicam, nada questionam. Só argumentam.

*

Existem muitas razões pelas quais eu nunca vou ser astronauta: falta de preparo físico, falta de preparo mental, ignorância científica. O primeiro da lista é meu medo de voar. É algo que consigo administrar, mas está presente sempre que entro em um avião. Ultimamente, só se manifesta na forma de um pânico disfarçável quanto há turbulência e de um ritual na pista de decolagem: enquanto o avião corre para arremeter, eu falo para mim, repetindo, "Mais vida... Mais vida... Mais vida..."

Para quem estou dizendo "Mais vida"? Acho que parte de mim acredita que se Deus existisse, e se Deus pudesse me ouvir, e pudesse ser convencido a dar a mínima para mim, essa frase simples de apreciação da vida, e pedido de mais vida, talvez pudesse ser suficiente para me garantir um voo seguro. Mas eu não acredito em Deus. Pelo menos não em um Deus que escuta e muito menos responde quando eu rezo.

Eu não acredito que o piloto seja afetado pela minha reza. Não acredito que o avião seja afetado pela minha reza. Não acredito que o tempo seja afetado pela minha reza.

Enquanto percorro a pista de decolagem, repetindo "Mais vida... Mais vida... Mais vida", penso na minha vida. Penso nela de um jeito que não faço em qualquer outro contexto. Esses pensamentos tomam forma de imagens. Eles não são gravados em silício e lançados a uma órbita estável, onde vão existir por centenas de milhões de anos. Eles florescem e murcham na minha cabeça.

A reza afeta *a mim*.

Como se poderia chamar uma reza desse tipo? O contrário de uma carta de suicídio?

No conto de Flannery O'Connor "A Good Man Is Hard to Find" ["Um bom homem é um raro achado"],[308] a seguinte frase resume uma personagem: "Ela teria sido uma boa mulher, se tivesse havido alguém para atirar nela a cada minuto de sua vida." Se eu pudesse passar a minha vida inteira percorrendo uma longa pista de decolagem, daria muito mais valor ao que eu tenho do que dou agora. Mas se eu tivesse de passar a vida inteira percorrendo uma pista de decolagem, nunca teria aquilo a que dou valor, porque nunca estaria em casa.

*

Estou de volta ao quarto da bisa, mas ela não está mais aqui. Dois homens da funerária vieram uma hora atrás para levá-la. Se ficar junto ao corpo dela foi uma experiência tranquila, vê-la sendo embalada, carregada pelas escadas e, depois, porta afora foi bastante horrível.

Os ladrões que roubaram a *Mona Lisa* saíram pela porta da frente do museu, o que só tornou a situação mais chocante. Como foi que deixaram isso acontecer?

Existe uma tradição de luto judaica chamada *kriah*, que significa "rasgar". Os parentes próximos de alguém que morreu rasgam um pedaço da roupa da pessoa como símbolo do pesar que sentem.

Quando a bisa estava sendo levada para fora deste quarto, senti um rasgo — senti que ela estava sendo cortada para fora de mim.

Julian e Jeremy estão lá embaixo. E vovó e vovô. Frank também está. Vou ficar com eles daqui a pouco, mas queria mais um tempinho aqui. A bisa não saiu deste quarto em seus últimos meses de vida. Fiquei tão acostumado em pensar nele como seu último quarto que praticamente me esqueci de que tinha sido o meu quarto na infância. Foi aqui que eu li *O apanhador no campo de centeio*, aprendi o haftorá, ouvi *OK Computer* pela primeira vez, examinei de perto minhas primeiras espinhas, fiz a barba pela primeira vez, li *Lolita*, estudei para o vestibular, ensaiei mil vezes como convidaria alguém para o baile da escola. Agora já me esqueci de todas as palavras do meu haftorá, assim como da trama de *O apanhador no campo de centeio*, e não falo com a minha convidada do baile tem um quarto de século. Mas essas experiências não poderiam ter sido mais importantes para mim enquanto estava passando por elas, e ainda estou inspirando as moléculas que expirei naquela época. Estamos conectados a nós mesmos e aos outros através do espaço e do tempo, então temos obrigações conosco e com os outros, não importa a distância.

O que o artista estava querendo dizer com aquelas imagens que ele colocou em órbita? Que estivemos aqui? Que fomos importantes?

Ninguém colocaria em questão se a vida da bisa foi importante. Ela recebeu muitas bênçãos, mas a história lhe mandou uma praga — em troca da coragem e da sabedoria e da resiliência que ela tinha —, ser maior do que a própria vida. Quando ela contava sobre sua vida de super-heroína para a minha turma de hebraico, ou até quando falava sobre isso na intimidade de sua sala de estar, ela nunca era só a minha avó falando — era uma *representante*, uma ideia tanto quanto uma pessoa. Nós a abraçávamos porque a amávamos, mas também porque sentíamos, até quando crianças, uma obrigação com todas as pessoas que os nossos braços não podiam alcançar.

Quando a bisa sacrificou algumas coisas, a necessidade de fazer isso não podia ter sido mais óbvia. Ela caminhou mais de 40 quilômetros, suportou temperaturas baixíssimas, doenças e desnutrição para não ser morta pelos nazistas. E quando a vovó e o Julian nasceram, era evidente o porquê de ela guardar cupons de desconto e organizar moedas em rolos de papel, e remendar roupas com retalhos. Ela tinha de manter o teto e a saúde dos filhos.

Enfrentar a mudança climática é um tipo totalmente diferente de heroísmo, que é muito menos intimidador do que fugir de um exército genocida, ou não saber de onde tirar a próxima refeição dos filhos, mas talvez seja tão difícil quanto, porque a necessidade de fazer sacrifícios não é evidente.

Eu cresci neste quarto e a bisa morreu neste quarto. Este quarto foi palco de alguns dos dramas mais importantes da nossa família. Foi nossa casa. Mas não foi construído para nós. Outras pessoas moraram aqui antes, e haverá outras depois. Temos obrigações para com essas pessoas — até com as que ainda não existem —, assim como meus irmãos e eu sentimos uma obrigação com as coisas que a bisa fez antes de a gente nascer, e assim como ela sentiu uma obrigação conosco antes de a gente existir.

Uma imagem acabou de me vir à cabeça, como se eu estivesse prestes a decolar em um avião em vez de descer a escada e me juntar ao pessoal lá embaixo. Uma imagem tão efêmera e tão duradoura quanto uma respiração. Estou pensando em quando passeamos em um barquinho pelo Canal Erie. Vocês tinham 9 e 6 anos. Antes de nos darem a chave, tivemos de assistir a uma orientação de vinte minutos. Vocês se lembram de quando o instrutor perguntou se a gente sabia fazer nó de marinheiro? E sem nem esperar a resposta, ele disse: "Bom, se vocês não sabem fazer nós, façamos nós muitos." Eu adorei. A gente adorou. A gente adorou ficar examinando o livro de espiral com as cartas náuticas (apesar de o canal não oferecer opções de navegação) e adoramos a sensação de velocidade da nossa arca em comparação à falta real de velocidade — vocês se lembram de todas as pessoas que passaram fazendo *cooper* nas margens? Adoramos passar rádio para o operador das comportas, fazer sanduíche de marshmallow no fogareiro de uma boca, observar o dinheirinho do Banco Imobiliário ser levado por um vento tão forte que nem vimos onde foi parar, fazer xixi de cima do barco simplesmente porque podíamos, acelerar o motor fracote simplesmente porque podíamos, comer chocolate em pó simplesmente porque podíamos, atar nós mesmo sob a chuva quente. Vocês imploraram para pular na água de cima do barco. Tive de lutar contra meu reflexo de proteger vocês de algo que é totalmente seguro. Me lembrei de vocês dois no ar: o sorriso do Cy, as mãos cruzadas na frente, capturando aquele momento como se fosse uma libélula. E o cabelo do Sasha, as costelas, o punho direito erguido em sinal... de quê? De *quê*? Vitória sobre o medo? Um reflexo atávico de fugir ou lutar que vem de antes do *Homo sapiens*? Amor à vida?

"Com quem falo hoje?", repete o autor da primeira carta de suicídio várias vezes ao enumerar os argumentos para sua desistência. A alma o instrui a "se agarrar à vida", comparando a morte a "tirar um homem de sua casa".

Não é suficiente dizer que queremos mais vida; temos de nos recusar a parar de dizer isso. Só se escreve cartas de suicídio uma vez; cartas de vida têm de ser escritas sempre — por meio de conversas honestas, conectando o familiar com o desconhecido, plantando mensagens para o futuro, desenterrando mensagens do passado, desenterrando mensagens do futuro, entrando em contendas com a alma e nos recusando a parar. E precisamos fazer isso tudo juntos:

as mãos de todos em volta da mesma caneta, cada respiração de cada pessoa expirando a reza conjunta. "Assim faremos um lar juntos", a alma conclui ao final do bilhete de suicídio, talvez já começando o seu oposto. Cada um de nós discutindo consigo mesmo, construindo um lar juntos.

Apêndice: 14,5% ou 51%

Dois dos relatórios mais citados sobre a contribuição da agricultura animal para a crise ambiental — *Livestock's Long Shadow* ["A grande sombra da pecuária"], da Organização das Nações Unidas para a Alimentação e Agricultura (FAO), em 2006, e *Livestock and Climate Change* ["A pecuária e a mudança climática"], do Worldwatch Institute, em 2009 — oferecem dois conjuntos diferentes de estatísticas sobre o que é um dos pontos mais importantes em toda a ciência do meio ambiente: a porcentagem de emissões de gás de efeito estufa produzida pelo setor pecuário. Esse número é uma espécie de superestatística que incorpora e simplifica algo muito complexo, e é o argumento que explica mais diretamente por que é tão crucial mudar nosso relacionamento com produtos de origem animal.

Livestock's Long Shadow foi o primeiro relatório desse tipo a conquistar atenção generalizada, e sua declaração de que a agricultura animal é a causadora de 18% das emissões globais de gases de efeito estufa atraiu aplausos e críticas. Mas, de forma geral, o que ele atraiu foi pânico: 18% era mais do que todo o setor de transporte. Por isso foi uma surpresa quando, em 2009, o Worldwatch Institute publicou seu relatório em resposta ao *Livestock's Long Shadow*, declarando que a agricultura para criação de gado não era responsável por 18% das emissões anuais de gases de efeito estufa mundialmente, mas sim por *pelo menos* 51%. "Se esse argumento estiver correto", dizem os autores na apresentação, "isso implica que substituir a pecuária por alternativas melhores é a melhor estratégia para reverter a mudança climática."[309] Eles recomendam uma redução de 25% no número de cabeças de gado de corte no mundo inteiro, o que, eles esclarecem, "poderia ser feito em locais selecionados para que as populações rurais mais pobres que giram em torno do gado possam permanecer totalmente intactas"[310].

Vale ponderar sobre como se chegou a esses dois números tão diferentes, pois isso não só tem grande importância científica, como também revela como o nosso entendimento a respeito do planeta em que vivemos pode ser completamente dissociado da realidade.

APÊNDICE: 14,5% OU 51%

Robert Goodland e Jeff Anhang são os autores do relatório da Worldwatch, que se chama *Livestock and Climate Change: What If the Key Actors in Climate Change Are... Cows, Pigs and Chickens?* (as reticências são deles). Os interessados em contrariar a credibilidade da pesquisa, incluindo os autores de *Livestock's Long Shadow*, alegam que esse estudo não foi revisado por pares.[311] Outros — incluindo os próprios Anhang e Goodland — sustentam que foi, e que o relatório autopublicado da FAO não foi.

Jeff Anhang trabalha para a Corporação de Finanças Internacionais do Banco Mundial. Robert Goodland, que morreu em 2014, foi ecologista, professor e um importante consultor ambiental para o Banco Mundial. Ele tinha doutorado em Ciência Ambiental e serviu como presidente da Associação Internacional de Análise de Impacto. Depois de sua aposentadoria do Worldwatch Institute em 2001,[312] ele dirigiu pesquisas de impacto ambiental e social em mais de uma dúzia de projetos em todo o mundo. Em outras palavras, ele não era ativista dos direitos dos animais e não era um amador.

Em um artigo de 2012 escrito para o *New York Times*,[313] Goodland disse o seguinte:

> A principal diferença entre as porcentagens de 18 e 51% é que a segunda leva em conta como o crescimento exponencial na produção de gado (agora mais de 60 milhões de animais terrestres por ano) junto com o desmatamento e a queima de florestas em grande escala, causou um declínio dramático na capacidade de fotossíntese da Terra junto com aumentos grandes e acelerados de volatilização do carbono no solo.

No resumo executivo de seu relatório para o Worldwatch, Goodland e Anhang elaboram esse ponto, argumentando que a omissão de absorção de carbono associada ao desmatamento causado pela indústria pecuária deveria ser levada em conta:

> A FAO leva em conta emissões atribuíveis a mudanças no uso da terra em decorrência da criação de gado, mas somente a mudança relativamente pequena na quantidade de gases de efeito estufa que advém das mudanças anuais. Estranhamente, não levam em conta a quantidade muito maior de gases de efeito estufa que deixa de ser mitigada por fotossíntese porque 26% da terra arável são usados para o cultivo de pasto, em vez se regenerarem em florestas. Só permitir que uma parte significativa de território tropical usado como pasto e plantação de pasto se regenere enquanto floresta poderia potencialmente mitigar *até a metade (ou mais) de toda a quantidade de gases de efeito estufa antropogênicos*.[314]

No relatório seguinte, que publicaram em 2010 para responder perguntas do público,[315] Goodland e Anhang defenderam a escolha de incluir a omissão de absorção de carbono, dizendo: "Acreditamos que levar em conta uma omissão de redução de

APÊNDICE: 14,5% OU 51%

qualquer magnitude é válido porque tem exatamente o mesmo efeito que um aumento de emissões da mesma magnitude."

Goodland e Anhang identificam e corrigem muitas outras emissões de gases de efeito estufa relacionadas à pecuária que foram negligenciadas, omitidas ou alocadas incorretamente no relatório da FAO. Entre elas: omissão de uso de terras, contagem baixa de metano e contagem baixa de gado. Eles também alegam que a FAO exagerou na aplicação de dados de Minnesota, o que é um problema porque as operações pecuárias por lá são mais eficientes do que nos países em desenvolvimento, onde o setor está se expandindo com maior velocidade. Goodland e Anhang escrevem que, em algumas seções, o relatório *Livestock's Long Shadow* "usa números mais baixos do que os que aparecem nas estatísticas da FAO e de outros". Além disso, a FAO não leva em conta o desmatamento em alguns países (como a Argentina) e omite a piscicultura em seu cálculo.[316]

Finalmente, a FAO não leva em conta a "quantidade muito maior de gases de efeito estufa atribuíveis" a produtos de origem animal em comparação a alternativas à base de plantas. Produtos de origem animal precisam ser refrigerados, o que pede o uso de fluorocarbonetos — compostos que têm potencial de aquecimento global (PAG) até muitas milhares de vezes maior do que o do CO_2. O preparo de produtos de origem animal é muito mais intensivo em termos de gases de efeito estufa do que o preparo de alimentos alternativos. A FAO omite emissões associadas com o manejo de detritos líquidos e subprodutos animais — como ossos, peles, gordura e penas — que são ou descartados ou distribuídos.

Goodland e Anhang também apontam que os autores do relatório da FAO usaram informações obsoletas. Por exemplo, o relatório da FAO usou um PAG para o metano de 23 para um período de cem anos, enquanto o Painel Intergovernamental sobre Mudanças Climáticas defende um PAG de 25 (para um período de vinte anos, o PAG do metano é de 72). Usando esse número obsoleto, a FAO calcula que o metano seja responsável por 3,7% das emissões globais de gases de efeito estufa. "Quando o PAG do metano é ajustado ao período de 20 anos", contra-argumentam Goodland e Anhang, "o metano advindo do gado é responsável por 11,6% das emissões globais de gases de efeito estufa. Um novo cálculo aumenta essa emissão advinda da pecuária para 5.047 toneladas de CO_2e". De forma mais simples: ao fazer o ajuste para o maior potencial de retenção de calor do metano em um período mais curto, percebe-se que ele contribui com uma maior proporção de emissões.

Imagine que você esteja do lado de fora em um dia quente de verão e alguém lhe dê um cobertor. Ele diz que você tem de usar esse cobertor por dez horas. Pelas primeiras duas horas, ele vai ser um cobertor elétrico, três vezes mais potente do que um cobertor normal. E depois a eletricidade vai ser desligada. Perguntar se é melhor calcular as emissões com base em um período de vinte anos ou de cem anos é como a diferença entre perguntar "o quanto de calor você sentiu com este cobertor nas primeiras duas horas?" e "o quanto de calor você sentiu com este cobertor no geral?".

Agora imagine que, em teoria, seu corpo conseguisse aguentar o calor total, mas o calor total fosse irrelevante, porque aquelas primeiras duas horas eram tão escaldantes que você teria insolação e iria parar no hospital. Como temos menos de vinte anos para enfrentar a mudança climática, alguns cientistas argumentam que deveríamos calcular os PAGs de gases de efeito estufa em curto prazo. Dois graus de aquecimento global é um "ponto de inflexão", depois do qual os ciclos positivos de retroalimentação podem desencadear um aquecimento desenfreado que vai efetivamente nos matar. A FAO também "usa citações para aspectos variados de GEEs atribuíveis a gado de 1964, 1982, 1993, 1999 e 2000. As emissões hoje em dia seriam muito mais altas".[317]

Outra fonte importante de emissão de dióxido de carbono que não foi levada em conta em *Livestock's Long Shadow*: a respiração do gado. Os autores do relatório da FAO Henning Steinfeld e Tom Wassenaar alegam que a respiração dos animais *não* deveria ser levada em conta porque "Emissões advindas da respiração do gado são parte de um sistema biológico cujo ciclo é rápido, segundo o qual a matéria botânica consumida é ela mesma criada por meio da conversão de CO_2 atmosférico em compostos orgânicos".[318] Como as quantidades emitidas e absorvidas são consideradas equivalentes, a respiração do gado não é considerada uma fonte líquida sob o protocolo de Kyoto. (O Protocolo de Kyoto determinou metas de redução de emissões obrigatórias internacionalmente. Ele foi adotado em 1997 e seu primeiro período de compromisso começou em 2008.)

Goodland e Anhang, no entanto, defenderam um argumento muito convincente a favor de levar em conta a respiração do gado e alegam que essa é considerada uma fonte líquida sob o Protocolo de Kyoto. Eles indicam que o gado não é essencial para a vida humana e que grandes parcelas de população humana comem pouco ou nenhum produto de origem animal. "Hoje", dizem Goodland e Anhang, "temos dezenas de bilhões de animais a mais expirando CO_2 do que na era pré-industrial, enquanto a capacidade fotossintética da Terra teve uma redução drástica, na medida em que as florestas foram desmatadas."[319] Eles citam, então, uma estimativa de que o CO_2 advindo da respiração de gado é responsável por 21% dos GEEs antropogênicos no mundo todo. No texto que atualiza o primeiro, Goodland e Anhang completam: "O carbono entrando na atmosfera via respiração animal e oxidação do solo excede o que é absorvido por fotossíntese em 1-2 bilhões de toneladas por ano."[320]

Resumindo, diferentemente dos búfalos selvagens que perambulavam pela América pré-colonial, operações pecuárias industriais *não* são parte de um ciclo natural do carbono — especialmente considerando quantas florestas que absorvem gás carbônico foram destruídas no planeta ou para dar lugar aos animais ou para dar lugar às plantações de milho e soja destinadas a alimentá-los — e não é mais possível que o gado conviva em harmonia natural com os processos fotossintéticos do planeta.

E é por isso que, além de levar em conta os gases das vacas, Goodland e Anhang argumentam que também é necessário levar em conta a omissão de absorção de carbono causada pelo desmatamento motivado pela criação de gado. Esse impacto é especialmente relevante porque a indústria pecuária está arrasando os tipos de florestas que têm a maior capacidade fotossintética:

> O maior crescimento do mercado de produtos de pecuária acontece em países em desenvolvimento, onde a floresta tropical normalmente armazena

APÊNDICE: 14,5% OU 51%   247

pelo menos 200 toneladas de gás carbônico por hectare. Quando a floresta é substituída por campinas moderadamente degradadas, a quantidade de gás carbônico armazenada por hectare cai para 8 toneladas. Em média, cada hectare de pasto sustenta não mais do que uma cabeça de gado, cujo teor de carbono é de uma fração de uma tonelada. Em comparação, mais de 200 toneladas de gás carbônico por hectare podem ser liberadas dentro de pouco tempo depois que a floresta e outras vegetações são derrubadas, queimadas ou mastigadas.[321]

Usando seus novos cálculos, os autores do Worldwatch alegam que a agricultura animal é, na verdade, responsável por *pelo menos* 32,564 milhões de toneladas de emissões anuais de GEE em CO_2 em comparação com os 7,516 milhões estimados pela FAO.

Em 2011, uma resposta contundente ao estudo do Worldwatch foi publicada no periódico *Animal Feed Science and Technology*. Nesse texto, intitulado "Livestock and Greenhouse Gas Emissions: The Importance of Getting the Numbers Right" ["Gado e emissões de gases de efeito estufa: a importância dos números corretos"], os autores (Mario Herrero et al.) citam repetidamente o "amplamente reconhecido" e "bem fundamentado" *Livestock's Long Shadow* e atacam e destroem a credibilidade do relatório do Worldwatch, alegando que ele não foi revisado por pares e dando a entender que inclui "grandes divergências de protocolos internacionais". A resposta não menciona que dois dos autores que a escreveram também são autores do *Livestock's Long Shadow*.

Quando foi procurado por *The Philadelphia Inquirer*, em 2012, Anhang alegou que foi feita, sim, a revisão por pares de seu estudo com Goodland. "Como empregado da Corporação de Finanças Internacionais do Banco Mundial, Jeff Anhang era obrigado a ter qualquer relatório com seu nome revisado por pares", escreveu o jornalista Vance Lehmkuhl, que ainda diz: "Fiz pressão em Goodland e Anhang quanto a essa questão e recebi detalhes dos pesquisadores e instituições que revisaram o rascunho do relatório do Worldwatch antes de ele ser publicado, assim como daqueles que o citaram depois. Por outro lado, *Livestock's Long Shadow* pode ter sido ou não revisado por pares. A FAO não cita esse processo (e nem a resposta de Mario Herrero et al.) e eu não consegui encontrar qualquer referência à revisão por pares em nenhuma menção feita ao LLS. Enviei um e-mail a Mario Herrero pedindo esclarecimentos e não recebi resposta."[322]

Anhang me disse que o relatório do Worldwatch foi, na verdade, revisado por pares duas vezes — uma vez antes de aparecer como artigo publicado no *Animal Feed Science and Technology* e novamente na forma de revisão por pares pós-publicação em um artigo do Worldwatch de 2010.

Mais tarde, em 2011, Goodland e Anhang escreveram uma *resposta à resposta ao seu relatório* (sendo ele próprio uma resposta a outro relatório), em que contra-argumentam os contra-argumentos ao seu contra-argumento original.

E então, em 2012, Goodland publicou um artigo no *New York Times* intitulado "FAO Yields to Meat Industry Pressure on Climate Change" ["A FAO se rende à pressão da indústria da carne quanto à mudança climática"].³²³ "Frank Mitloehner", escreve Goodland, "conhecido por sua alegação de que 18% é um número alto demais para os Estados Unidos, foi apresentado semana passada como diretor de uma nova parceria entre a indústria da carne e a FAO. Os novos parceiros da FAO incluem o Secretariado Internacional da Carne e a Federação Internacional de Laticínios. Seu objetivo declarado³²⁴ é o de 'analisar o desempenho ambiental do setor de pecuária' e 'melhorar esse desempenho'." Goodland alega que essa nova parceria não surpreende,³²⁵ considerando que o principal autor e coautor de *Livestock's Long Shadow* "depois prescreveu mais, e não menos, pecuária industrial, em vez de sugerir uma limitação da produção de carne", enquanto que o Banco Mundial urge instituições a '"evitar financiar sistemas comerciais em larga escala de produção de grãos para ração e produção industrial de leite, suínos e aves'".³²⁶

Surpresa nenhuma: em 2013, a FAO publicou um novo relatório³²⁷ declarando que: "Com emissões estimadas em 7,1 gigatoneladas de CO_2-eq por ano, representando 14,5% das emissões de GEE induzidas por humanos, o setor de pecuária tem um papel importante na mudança climática."

*

Então, 14,5% ou 51%? Eu acho que nenhum dos dois números é preciso, mas considero a porcentagem maior muito mais convincente. E não estou sozinho. Um relatório da Assembleia Geral da ONU de 2014³²⁸ colocou essa análise de 51% acima da estimativa da FAO: "Os números precisos continuam discutíveis, mas não há dúvida na comunidade científica de que os impactos da produção de gado são imensos." A UNESCO, outra agência da ONU, também publicou um relatório favorável à estimativa de 51%, passando por cima da FAO. Os autores da UNESCO escrevem que o cálculo do Worldwatch "representa uma enorme mudança de perspectiva e fortalece as evidências da relação entre produção de carne e efeitos na mudança climática".³²⁹

Tive uma longa conversa via e-mail com Jeff Anhang, convidando-o a responder às várias críticas feitas aos seus cálculos. Finalmente, perguntei o que, na opinião dele, precisamos fazer para alcançar os objetivos do Acordo de Paris.

"Parece impossível reverter a mudança climática por meio de limitação de combustíveis fósseis", ele escreveu. "E isso acontece porque a quantidade de infraestrutura de energia renovável que seria necessária para conter a mudança climática, segundo estimativa da Agência Internacional de Energia, custaria pelo menos 53 trilhões e levaria pelo menos vinte anos para ser construída, o que, segundo projeções, seria tarde demais para reverter a mudança climática. Por outro lado, a substituição de produtos de origem animal por alternativas oferece uma oportunidade única e em duas vias de reduzir gases de efeito estufa rapidamente ao mesmo tempo em que liberaria terras para que mais árvores possam capturar o excesso de gás carbônico atmosférico em curto prazo. Então, substituir produtos de origem animal por alternativas me parece ser a única maneira pragmática de reverter a mudança climática antes que seja tarde demais."

Notas

I. INACREDITÁVEL

1. Erman, *Ancient Egyptians*.
2. "Dialogue of a man with his soul."
3. Kearl, *Endings*, 49.
4. Bethge, "Urine containers, 'space boots' and artifacts aren't just junk".
5. Carey, "Parrot who had a way with words".
6. Taagepera, "Size and duration of empires".
7. Gannon, *Operation Drumbeat*.
8. American Merchant Marine at War, "Liberty Ship SS Robert E. Peary".
9. Rosener, *Women in industry*.
10. Ossian, *Forgotten generation*, 73.
11. Fitch, "Julia Child".
12. Roosevelt, "Executive Order 9250".
13. Perrone e Handley, "Home front friday".
14. Pursell, "When you ride ALONE".
15. George C. Marshall Foundation, "National nutrition month".
16. Collingham, *Taste of war*.
17. British Nutrition Foundation, "How the war changed nutrition".
18. Walt Disney Productions, *Food will win the war*.
19. Roosevelt, "Fireside chat 21".
20. Daggett, *Costs of major US wars*.
21. Sifferlin, "Global jewish population".
22. Vidal, "Protect nature".
23. Milman, "Climate change".
24. Rice, "Yes, Chicago will be colder than Antarctica".

25. Rebuild by Design, "The big U".
26. Rumble, "Claudette Colvin".
27. Poirier, "One of history's most romantic photographs".
28. Rothman e Aneja, "Rosa Parks".
29. Sullivan, "Bus ride".
30. Revkin, "Global warming".
31. Ghosh, *The great derangement*, 9.
32. Lewin e Bartoszewski, *Righteous among nations*.
33. Hershfield, "Better decisions".
34. Idem.
35. Sudhir et al., "Sympathy biases".
36. Institute for Operations Research and the Management Sciences, "Carefully chosen wording".
37. Ballew et al., "Global warming as a voting issue".
38. Burkeman, "Climate change deniers".
39. Nuccitelli, "Climate Consensus"; NASA, "Scientific Consensus".
40. Brody, "The unicorn and 'The Karski Report'".
41. Huicochea, "Man lifts car".
42. Wise, *Extreme fear*, 25-27.
43. *National Post*, "Russias's rich".
44. Rennell, "Blitz 70 years on".
45. Dohmen, "In support of the supporters?".
46. Marshall, *Don't even think about it*, 57.
47. "Global carbon dioxide emissions rose".
48. Brandt, "Google divulges numbers".
49. Shah, "Addicted to selfies".
50. Lee, "What is 'selfitis'?".
51. Schwartz, "MSNBC's surging ratings".
52. Babaee et al., "Electric drive vehicles".
53. Schiller, "Buying a Prius".
54. Leskin, "13 tech billionaires".
55. Kotecki, "Jeff Bezos".
56. Kastberger et al., "Social waves in giant honeybees".
57. Xerces Society for Invertebrate Conservation, "Bumblebee conservation".
58. Wilder, "Bees for hire"; Pensoft Publishers, "Bees, fruits and money".
59. Williams, "Shrinking bee populations".
60. Harris Poll, "Carrying on tradition".
61. Delta Dental, "2014 Oral Health and Well Being Survey", 8.
62. Perrin, "Who doesn't read books in America?".
63. Nicholas, "Home state".
64. University of Illinois Extension, "Turkey facts".

NOTAS

65. Mellström e Johannesson, "Crowding out in blood donation".
66. Khan et al., "Collective participation".
67. Muise et al., "Post sex affectionate exchanges".
68. Moss, "Nudged to the produce aisle".
69. Davidai et al., "Default options for potential organ donors".
70. Thaler e Sunstein, "Easy does it".
71. United States Elections Project, "2014 November general election turnout rates".
72. United States Elections Project, "2016 November general election turnout rates".
73. Gallagher, *FDR's splendid deception*.
74. Shampo e Kyle, "Jonas E. Salk".
75. Salk Institute for Biological Studies, "About Jonas Salk".
76. Lincoln, "Proclamation of Thanksgiving".
77. Dennis, "Who still smokes in the United States".
78. Moore, "Nine of ten Americans view smoking as harmful".
79. Worldometers, "Canada population (Live)", 37,16 milhões. Acesso em: 18 de fevereiro de 2019. Disponível em: http://www.worldometers.info/world-population/canada-population/.
80. Holford et al., "Tobacco control".
81. Truth Initiative, "Why are 72% of smokers from lower-income communities?".
82. McKie, "A jab for Elvis helped beat polio".
83. Scheiber, "Google workers"; Wakabayashi et al., "Google walkout".
84. Guggenheim, *An inconvenient truth*.
85. Wynes e Nicholas, "Climate mitigation gap".
86. Frischmann, "100 solutions to reverse global warming".
87. Gates, "Climate change".
88. Raftery et al., "Less than 2ºC warming by 2100 unlikely".
89. Worland, "These cities may soon be uninhabitable".
90. Schleussner et al., "Differential climate impacts".
91. Parker, "Climate migrants".
92. Burke et al., "Climate and conflict".
93. Robinson et al., "Greenland ice sheet".
94. Intergovernmental Panel on Climate Change, *Global warming of 1.5ºC*.
95. Di Leberto, "Summer heat wave".
96. Mann e Kump, *Dire Predictions*, 50-162.
97. World Health Organization, "Climate change and human health", World Bank, *Turn down the heat*.
98. Wallace-Wells, *Uninhabitable Earth*, 12.
99. Schleussner et al., "Differential climate impacts".
100. Meixler, "Half of all wildlife".
101. World Wildlife Fund, "Wildlife in a warming world".
102. Zhao et al., "Temperature increase reduces global yields".

103. Wallace-Wells, *Uninhabitable Earth*, 12.
104. Raftery et al., "Less than 2°C Warming by 2100 unlikely".
105. Tillman, *D-day encyclopedia*.
106. Morton, "Object of intrigue".
107. Scranton, "Raising my child".

II. COMO EVITAR A GRANDE AGONIA

108. Jouzel et al., "Antarctic climate variability"; Prairie Climate Center, "Four degrees of separation"; NASA Earth Observatory, "Today's Warming".
109. Eberle et al., "Seasonal variability in Arctic temperatures"; Scott e Lindsey, "What's the hottest Earth's ever been?"; Jardine, "Patterns in paleontology".
110. Penn et al., "Temperature-dependent hypoxia"; New York University, "Siberian volcanic eruptions"; Zimmer, "Sudden warming".
111. Welcome to the Anthropocene, www.anthropocene.info.
112. Ritchie, "Exactly how much has the Earth warmed?"; NASA Earth Observatory, "Is current warming natural?"; Union of Concerned Scientists, "How do we know that humans are the major cause of global warming?".
113. Carrington, "Humans just 0,01% of all life"; Bar-On et al., "Biomass distribution on Earth".
114. Steinfeld at al., *Livestock's long shadow*, xxi.
115. Gerbens-Leenes et al., "Water footpring of poultry, pork and beef".
116. Hoekstra et al., "Water footprint of humanity".
117. Ritchie, "How do we reduce antibiotic resistance from livestock?".
118. Compassion in World Farming, *Strategic Plan 2013-2017*; Fishcount, "Farmed fish".
119. Zijdeman e Ribeiro da Silva, "Life expectancy at birth".
120. UN Department of Economic and Social Affairs, Population Division, "World population prospects".
121. Lamble, "How many people can the Earth sustain?".
122. American Farm Bureau Federation, "Fast facts about agriculture; "Farm population lowest since 1850's"; US Bureau of Labor Statistics, "Employment projections program".
123. Brookhaven National Laboratory, "The first video game?".
124. Ganzel, "Shrinking farm numbers"; US Bureau of the Census, "Census of agriculture, 1969 Volume II".
125. Zuidhof et al., "Commercial broilers".
126. Wise and Hall, *Distorting contact lenses for animals*, patente dos EUA número 3.418.978.
127. "Super-sizing the chicken."
128. Sentience Institute, "US Factory Farming Estimates".

NOTAS

129. Steinfeld et al., *Livestock's long shadow*; Durisin e Singh, "Americans' meat consumption".
130. Gorman, "Age of the chicken".
131. Pasiakos et al., "Animal, dairy and plant protein intake".
132. Levine et al., "Low protein intake".
133. Centers for Disease Control and Prevention, "Tobacco-related mortality".
134. Mooallem, "Last supper".
135. National Centers for Environmental Information, "Glacial-interglacial cycles".
136. Joint Study for the Atmosphere and the Ocean, "PDO Index"; Physikalisch--Meteorologische Observatorium Davos / World Radiation Center (PMOD / WRC), "Solar constant"; National Weather Service Climate Prediction Center, "Cold and warm episodes by season".
137. National Center for Environmental Information, "Global Climate Report".
138. Solly, "The 'great dying'".
139. Wallace-Wells, "Uninhabitable Earth".
140. Ma, Greenhouse gases".
141. US Environmental Protection Agency, US Greenhouse Gas Emissions and Sinks.
142. US Environmental Protection Agency, "Climate change indicators".
143. American Chemical Society, "Greenhouse gas changes".
144. Steinfeld et al., *Livestock's long shadow*.
145. National Snow and Ice Data Center, "All about sea ice: albedo".
146. Harvey, "Dangerous climate change".
147. Intergovernmental Panel on Climate Change, *Climate change 2013*, capítulo 8, pp. 711-14, tabela 8.7.
148. Clark, "Greenhouse gases".
149. Strain, "Planet's vegetation".
150. Climate and Land Use Alliance, "The Earth's climate".
151. Erb et al., "Global vegetation biomass".
152. Goodland e Anhang, "'Livestock and climate change': Critical comments and responses", 13.
153. Food and Agriculture Organization of the United Nations, "Deforestation causes global warming".
154. Climate and Land Use Alliance, "The Earth's climate".
155. "Deforestation and its extreme effect on global warming."
156. Idem.
157. Food and Agriculture Organization of the United Nations, "Deforestation causes global warming".
158. US Department of the Interior, "2018 California wildfires".
159. Wallace-Wells, "One man".
160. Margulis, "Causes of deforestation".
161. US Environmental Protection Agency, "Enteric fermentation".

162. US Environmental Protection Agency, *US greenhouse gas emissions and sinks*, 5-1.
163. Steinfeld et al., *Livestock's long shadow*.
164. Idem.
165. World Wildlife Fund, "Forest conversion".
166. Gates, "Climate change".
167. Steinfeld et al., *Livestock's long shadow*.
168. Goodland e Anhang, "Livestock and climate change", 12.
169. Há uma explicação desses diferentes cálculos no apêndice a este livro. McKibben, "Global warming's terrifying new math".
170. Kim et al., "Mitigating catastrophic climate change".
171. Jacobson e Delucchi, "Path to sustainable energy", 64.
172. Harvey, "Dangerous climate change".
173. Wynes e Nicholas, "Climate mitigation gap".
174. Chase, "Car-sharing".
175. "US air passengers' main trip purposes".
176. Center for Sustainable Systems, "Carbon footprint factsheet".
177. Kim et al., "Country-specific dietary shifts".
178. Girod et al., "Climate policy".
179. "Carbon emissions per person, by country."
180. Idem.
181. Idem.
182. Idem.
183. Esse cálculo leva em conta 235 práticas específicas a cada país, incluindo a composição da ração, as taxas de conversão das rações e técnicas de manejo de esterco. Leva em conta também a conversão de florestas em pastos, mas não leva em conta as perdas de carbono do solo por causa do manejo de gado (desertificação). Um estudo a ser publicado por Raychel Santo e Brent Kim, da Johns Hopkins University, apresenta e defende esse cálculo.

III. ÚNICA CASA

184. Weisman, "Earth without people".
185. Dahl, "Why can't you smell your own home?".
186. Reinert, "Blue Marble shot".
187. Idem.
188. Smithsonian National Air and Space Museum, "Apollo to the Moon".
189. New Mexico Museum of Space History, "International Space Hall of Fame".
190. Kluger, "Earth from above"; US Environmental Protection Agency, "Earthrise".
191. Nardo, *Blue Marble*, 46.
192. Shaw, "Overview effect".
193. Goldhill, "Astronauts report an 'Overview effect'".

194. Institute of Noetic Sciences, "Our story".
195. WorldSpaceFlight, "Astronaut/cosmonaut statistics".
196. Ferreira, "Seeing Earth from space".
197. www.SpaceVR.co.
198. Berger, "Viewing Earth from Space".
199. Garan, *Orbital perspective*.
200. Mortimer, "Mirror effect".
201. Idem.
202. Rochat, "Five levels of self-awareness".
203. Buehler, "Tiny fish".
204. Aton, "Earth almost certain to warm".
205. Worland, "Climate change".
206. Thompson, "Timeline".
207. Rich, "Losing Earth".
208. US Environmental Protection Agency, "International treaties and cooperation".
209. Cushman, "Climate research budget".
210. Rich, "Losing Earth".
211. Office of the Press Secretary, "President's Statement on Climate Change".
212. US Climate Change Science Program, "Climate Change Research Initiative".
213. Office of the Press Secretary, "President Bush discusses global climate change".
214. Greshko et al., "How Trump is changing the environment".
215. Lavelle, "Obama's climate legacy".
216. McKibben, "Up against big oil".
217. Nossiter, "France suspends fuel tax increase".
218. Matthews, "Climate change skepticism".
219. Knapton, "Human race is doomed".
220. Coren, "Earth's natural resources".
221. McDonald, "How many Earths do we need?".
222. Calfas, "Americans have so much debt".
223. McDonald, "How many Earths do we need?".
224. Our Children's Trust, "Juliana v. US-Climate Lawsuit"; Conca, "Children change the climate".
225. Allison, "Financial health of young America".
226. Dunn, "1,000 passenger ships".
227. NASA, "Mars facts".
228. National Research Council, *Climate intervention*, 9.
229. Project Drawdown, "Solutions".
230. Virginia Museum of History and Culture, "Turning point".
231. Delmont, "African-Americans fighting fascism and racism".
232. PBS, "Civil Rights"; Hartmann, *Home front and beyond*.
233. Norton et al., *People and a Nation*, 746.

234. Schwartz, "Esther Perel".
235. NASA, "Hubble Space Telescope".
236. "Theft that made the 'Mona Lisa' a masterpiece".
237. Zug, "Stolen".
238. "'La Gioconda' is stolen in Paris".
239. Kuper, "Who stole the Mona Lisa?".
240. Gekoski, "Fact-check fears".
241. Bernofsky, "On translating Kafka's 'The Metamorphosis'".
242. Riding, "New room with view of 'Mona Lisa'".
243. McKinney, "Mona Lisa is protected by a fence".
244. Firestone, "Busting the myths about suicide".
245. Herbst, "Kevin Hines".
246. Scranton, "Learning how to die".
247. Parker, "Climate migrants".
248. "Dialogue of a man with his soul."

IV. CONTENDA COM A ALMA

249. Griffin, "Carbon majors database".
250. CDP, "100 companies".
251. Power, *"Problem from hell"*.
252. Leiserowitz et al., "Climate change in American mind".
253. Marci, "6 facts about the evolution debate".
254. Neuman, "1 in 4 americans".
255. Marlon et al., "Participation in the Paris Agreement".
256. Oxfam, "Extreme carbon inequality".
257. Displacement solutions, *Climate displacement Bangladesh*.
258. United Nations, "Statement by his excellency Dr. Fakhruddin Ahmed".
259. Helliwell et al., *World Happiness Report 2018*.
260. Mapes, "Population of Nordic countries".
261. "Carbon emissions per person, by country".
262. Food and Agriculture Organization of the United Nations, "Annual meat consumption".
263. Natural Resources Institute Finland, "What was eaten in Finland in 2016".
264. World Food Program, "World hunger again on the rise".
265. Hunger Project, "Know your world".
266. US Holocaust Memorial Museum, "Children during the Holocaust".
267. Koneswaran e Nierenberg, "Global farm animal production and global warming".
268. Ziegler, "Burning food crops".
269. US Department of Agriculture Economic Research Service, "Access to affordable and nutritious food".
270. Caba, "Eating healthy".

271. Flynn e Schiff, "Economical healthy diets".
272. FRED Economic Data, "Real median personal income".
273. American Farm Bureau Federation, "Fast facts about agriculture"; "Farm population lowest since 1850s"; US Bureau of Labor Statistics, "Employment projections program".
274. Steinfeld et al., *Livestock's long shadow*.
275. US Energy Information Administration, "Chinese coal-fired electricity generation".
276. Fischer e Keating, "How Eco-friendly are electric cars?".
277. Wade, "Tesla's electric cars".
278. Springmann et al., "Food system"; Carrington, "Reduction in meat-eating".
279. "Amazon rainforest deforestation 'worst in 10 years'".
280. Plumer, "U.S. carbon emissions".
281. Wolf et al., "Global livestock".
282. Pierre-Louis, "Ocean warming".
283. Carrington, "Reduction in meat-eating".

V. MAIS VIDA

284. Glionna, "Golden Gate's suicide lure".
285. Eckstein et al., "Global climate risk index 2019".
286. Shapiro e Epstein, "Warsaw ghetto Oyneg Shabes".
287. Croptrust, "Svalbard Global Seed Vault".
288. Carrington, "Arctic stronghold of world's seeds".
289. Frozen Ark Project. Disponível em http://frozenark.org. Acesso em 1 de fevereiro de 2019.
290. Genesis 9:13, https://biblehub.com/genesis/9-13.htm.
291. Dokoupil, "Why suicide has become an epidemic"; Lisa Schein, "More people die from suicide".
292. Parisienne et al., "Gay rights lawyer".
293. Scranton, "Raising my child".
294. Wallace-Wells, "Uninhabitable Earth".
295. Wynes e Nicholas, "Climate mitigation gap".
296. Christakis e Fowler, *Connected*.
297. Idem.
298. Martin Luther King, Jr., Research and Education Institute, "March on Washington".
299. Scranton, "Raising my child".
300. Wilson, "His body was behind the wheel".
301. Pilon, "I found a dead body".
302. Low, "Cambridge declaration on consciousness".
303. Kaneda e Haub, "How many people have ever lived on Earth?".

304. Safire, *Before the fall*, 146.
305. "In event of moon disaster": pode-se visualizar uma imagem escaneada desse memorando em: https://www.archives.gov/files/presidential-libraries/events/centennials/nixon/images/exhibit/rs100-6-1-2.pdf.
306. N. da T.: Na língua inglesa, o artigo "a" significa "um", e a frase quer dizer "Um pequeno passo para o homem, um salto gigante para a humanidade".
307. Paglen, "Last pictures project".
308. O'Connor, *Complete stories*, 133.

APÊNDICE

309. Goodland e Anhang, "Livestock and climate change", 11.
310. Goodland e Anhang, "Response to 'Livestock and greenhouse gas emissions'".
311. Lehmkuhl, "Livestock and climate".
312. Website pessoal de Dr. Robert Goodland, acessado em 1 de fevereiro de 2019, https://goodlandrobert.com; Goodland, "Robert Goodland obituary".
313. Goodland, "Meat industry pressure".
314. Goodland e Anhang, "Livestock and climate change" 13.
315. Goodland, "'Livestock and climate change': Critical comments and responses", 8.
316. Goodland e Anhang, "Livestock and climate change", 14.
317. Idem.
318. Steinfeld e Wassenaar, "Carbon and nitrogen cycles".
319. Goodland e Anhang, "'Livestock and climate change': Critical comments and responses", 12.
320. Goodland and Anhang, "'Livestock and climate change': Critical comments and responses", 7.
321. Goodland e Anhang, "Livestock and climate change", 13.
322. Lehmkuhl, "Livestock and climate".
323. Goodland, "Meat industry pressuer".
324. Idem.
325. Steinfeld e Gerber, "Livestock production".
326. Goodland, "Meat industry pressure".
327. Gerber et al., *Tackling climate change*.
328. Human Rights Council, "Report of the Special Rapporteur".
329. Kanaly et al., "Meat production", 10.

Bibliografia

Allison, Tom. "Financial Health of Young America: Measuring Generational Declines Between Baby and Millennials." *Young Invincibles*, janeiro de 2017, https://younginvincibles.org/wp-content/uploads/2017/04/FHYA-final2017-1-1.pdf.

"Amazon Rainforest Deforestation 'Worst in 10 Years,' Says Brazil." BBC News, 24 de novembro de 2018. https://www.bbc.com/news/world-latin-america-46327634.

American Chemical Society. "What Are the Greenhouse Gas Changes Since the Industrial Revolution?" Acessado em 31 de janeiro de 2019. https://www.acs.org./content/acs/en/climatescience/greenhousegases/industrialrevolution.html.

American Farm Bureau Federation. "Fast Facts About Agriculture." Acessado em 31 de janeiro de 2019. https:fb.org/newsroom/fast-facts.

American Merchant Marine at Wat. "Liberty Ship SS Robert E. Peary." Acessado em 30 de janeiro de 2019. www.usmm.org/peary.html.

Aton, Adam. "Earth Almost Certain to Warm by 2 Degrees Celsius." *Scientific American*, 1 de agosto de 2017. https://www.scientificamerican.com/article/earth-almost-certain-to-warm-by-w-degrees-celsius/.

Babaee, Samaneh, Ajay S. Nagpure, e Joseph F. DeCarolis. "How Much Do Electric Drive Vehicles Matter to Future U.S. Emissions?" *Environmental Science and Technology* 48 (2014): 1382-90. https://doi.org/10.1021/es4045677.

Ballew, Matthew, Jennifer Marlon, Xintan Wang, Anthony Leiserowitz, e Edward Maibach. "Importance of Global Warmings as a Voting Issue in the U.S. Depends on Where People Live and What People Have Experienced." Yale Program on Climate Change Communication, 2 de novembro de 2018. Climate communication.yale.edu/publications/climate-voters/.

Bar-On, Yinon M., Rob Phillips, e Ron Milo. "The Biomass Distribution on Earth." *Proceedings of the National Academy of Sciences* 115, nº 25 (2018): 6506-11. https://doi.org/10.1073/pnas.1711842115.

BIBLIOGRAFIA

Berger, Michele W. "Penn Psychologists Study Incense Awe Astronauts Feel Viewing Earth from Space." *Penn Today,* 18 de abril de 2016. https://penncoday.upenn.edulnews/penn-psychologists-scudy-intense-awe-astronauts-feel-viewing-earth-space.

Bernofsky, Susan. "On Translating Kafka's 'The Metamorphosis...'" *New Yorker,* 14 de janeiro de 2014. https://www.newyorker.com/books/page-turner/on-translating-kafkas-the-metamorphosis.

Bethge, Philip. "Urine Containers, 'Space Boots' and Artifacts Aren't Just Junk, Argue Archaeologists.'" *Spiegel Online,* 18 de março de 2010. www.spiegel.de/international/zeitgeist/saving-moon-trash-urine-containers-space-boots-and-artifacts-aren-t-just-junk-argue-archaeologists-a-684221.html.

Brahic, Catherine. "How Long Does It Take a Rainforest to Regenerate?" *New Scientist,* 11 de junho de 2018. https://www.newscientist.com/article/dn14112-how-long-does-it-take-a-rainforest-to-regenerate/.

Brandt, Richard. "Google Divulges Numbers at I/O: 20 Billion Texts, 93 Million Selfies and More." *Silicon Valley Business Journal,* 25 de junho de 2014. https://www.bizjournals.com/sanjose/news/2014/06/25/google-divulges-numbers-at-i-o-20-billion-texts-93.html.

British Nutrition Foundation. "How the War Changed Nutrition: From There to Now." Acessado em 12 de janeiro de 2019. https://www.nutrition.otg.uk/nutritioninthenews/warrimefood/warnutrition.html.

Brody, Richard. "The Unicorn and 'The Karski Report.'" *New Yorker.* Acessado em 12 de janeiro de 2019. https://www.newyorker.com/culcure/richard-brody/the-unicorn-and-the-karski-report.

Brookhaven National Laboratory. "The First Video Game?" Acessado em 30 de janeiro de 2019. https://www.bnl.gov/about/history/firstvideo.php.

Buehler, Jake. "This Tiny Fish Can Recognize Itself in a Mirror. Is It Self-Aware?" *National Geographic,* 11 de setembro de 2018. https://www.nationalgeographic.com/animals/2018/09/fish-cleaner-wrasse-self-aware-mirror-test-intelligence-news/.

Burke, Marshall, Solomon M. Hsiang, e Edward Miguel. "Climate and Conflict.'· *Annual Review of Economics* 7, nº 1 (2015): 577-617. https://web.stanford.edu/~mburke/papers/Burke%20Hsiang%20Miguel%202015.pdf.

Burkeman, Oliver. "We're All Climate Change Deniers at Heart." *Guardian,* 8 de junho de 2015. https://www.theguardian.com/commencisfree/2015/jun/08/climate-change-deniers-g7-goal-fossil-fuels.

Caba, Justin. "Eating Healthy Could Get Costly: Healthy Diets Cost About $1.50 More Than Unhealthy Diets." *Medical Daily,* 5 de dezembro de 2013. https://www.medicaldaily.com/eating-healthy-could-get-costly-healthy-diets-cost-about-150-more-unhealthy-diets-264432.

BIBLIOGRAFIA

Calfas, Jennifer. "Americans Have So Much Debt They're Taking It to the Grave." *Money*, 22 de março de 2017. money.com/money/4709270/americans-die-in-debt/.
"Carbon Emissions per Person, by Country." *Guardian*, 2 de setembro de 2009. https:// www.theguardian.com/environment/darablog/2009/sep/02/carbon-emissions-per-person-capita.
Carey, Benedict. "Alex, a Parrot Who Had a Way with Words, Dies." *New York Times*, 10 de setembro de 2007. https://www.nytimes.com/2007/09/1O/science/10cnd-parrot.html.
Carrington, Damian. "Arctic Stronghold of World's Seeds Flooded After Permafrost Melts." *Guardian*, 19 de maio de 2017. https://www.theguardian.com/environmenr /2017/may/19/arctic-stronghold-of-worlds-seeds-flooded-after-permafrost-melts.
_____. "Huge Reduccion in Meat-Eating 'Essencial' to Avoid Climate Breakdown." *Guardian*, 10 de outubro de 2018. https://www.theguardian.com/environment/2018/oct/l0/huge-reduction-in-meat-eating-essential-to-avoid-climate-breakdown.
_____. "Humans Just 0.01% of Ali *Life* but Have Destroyed 83% of Wild Mammals—Study." *Guardian*, 21 de maio de 2018. https://www.theguardian.com/environment/2018/may/21/human-race-just-001-of-all-life-but-has-destroyed-over-80-of-wild-mammals-study.
CDP. "New Report Shows Just 100 Companies Are Source of Over 70% of Emissions." 10 de julho de 2017. https://www.cdp.net/en/articles/tedia/new-repore-shows-just-1OO-companies-are-source-of-over-70-of-emissions.
Center for Sustainable Systems. "Carbon Footprint Factsheet." University of Michigan, 2018. Acessado em 10 de março de 2019. css.umich.edu/faccsheets/carbon-footprint-factsheet.
Centers for Disease Control and Prevention. "Tobacco-Related Mortality." 17 de janeiro de 2018. https:///www.cdc.gov/tobacco/data_statistics/facc_sheets/heaIth _effects/tobacco_related_mortality/index.htm.
Chase, Robin. "Car-Sharing Offers Convenience, Saves Money and Helps the Environment." United States Department of State, Bureau of International Information Programs. Acessado em 5 de fevereiro de 2019. https:photos.state.gov/libraries/cambodia/30486/Publications/everyone_in_america_own_a_car.pdf.
Christakis, Nicholas A., e James H. Fowler. *Connected: The Surprising Power of Our Social Networks and How They Shape Our Lives*. Nova York: Little, Brown, 2009.
Clark, Duncan. "How Long Do Greenhouse Gases Stay in the Air?" *Guardian*, 16 de janeiro de 2012. Published in conjunction with Carbon Brief. https://www.theguardian.com/environment/2012/jan/16/greenhouse-gases-remain-air.
Climate and Land Use Alliance. "Five Reasons the Earth's Climate Depends on Forests." Acessado em 10 de maio de 2018. http://www.climateandlanduse-alliance.org/scientists-statement/.

Collingham, Lizzie. *The Taste of War: World War II and the Battle for Food*. Nova York: Penguin, 2013.

Compassion in World Farming. *Strategic Plan 2013-2017*. Acessado em 30 de janeiro de 2019. https://www.ciwf.org.uk/media/3640540/ciwf_strategic_plan_20132017.pdf.

Conca, James. "Children Change the Climate in the U.S. Supreme Court-1st Climate Lawsuit Goes Forward." *Forbes*, 3 de agosto de 2018. https://www.forbes.com/sites/jamesconca/2018/08/03/children-change-the-climate-in-the-us-supreme-court-1st-climate-lawsuit-goes-forward/#1b34f8e53547.

Coren, Michael J. "Humans Have Depleted the Earth's Natural Resources with Five Months Still co Go in 2018." *Quartz*, 1 de agosto de 2018. https://qz.com/1134520/5/humans-have-depleted-the-earths-natural-resources-with-five-months-still-to-go-in-2018/.

Croptrust. "Svalbard Global Seed Vault." Acessado em 25 de janeiro de 2019. https://www.croptrust.org/our-work/svalbard-global-seed-vault/.

Cushman, John H., Jr. "Exxon Made Deep Cuts in Climate Research Budget in the 1980s." *Inside Climate News*, 25 de novembro de 2015. https://insideclimatenews.org/news/25112015/Exxon-deep-cuts-climate-change-research-budget-1980s-global-warming.

Daggett, Stephen. *Costs of Major U.S. Wars*. U.S. Library of Congress, Congressional Research Service, RS22926, 2010.

Dahl, Melissa. "Why Can't You Smell Your Own Home?" *The Cut*, 26 de agosto de 2014. https://www.thecut.com/2014/08/why-cant-you-smell-your-own-home.html.

Davidai, Shai, Thomas Gilovich, e Lee D. Ross. "The Meaning of Default Options for Potential Organ Donors." *Proceedings of the National Academy of Sciences*, 2012: 15201-205. https://stanford.app.box.com/s/yohfziywajw3nrnwx07d3ammndihibe7g.

"Deforestation and Its Extreme Effect on Global Warming." *Scientific American*. Acessado em 31 de janeiro de 2019. https:www.scientificamerican.com/article/deforestation-and-global-warming/.

Delmont, Matthew. "African-Americans Fighting Fascism and Racism, from WWII co Charlottesville." *The Conversation*, 21 de agosto de 2017. https://theconversation.com/african-americans-fighting-fascism-and-racism-from-wwii-to-charlottesville-82551.

Delta Dental. *2014 Oral Health and Well-Being Survey*. 2014. https:www.deltadentalnj.com/employers/downloads/DDPAOralHealthandWellBeingSurvey.pdf.

Dennis, Brady. "Who Still Smokes in the United States-in Seven Simple Charts." *Washington Post*, 12 de novembro de 2015. https://www.washingconpost.com/newslco-your-health/wp/2015/11/12/smoking-among-u-s-adults-has-fallen-co-historic-lows-these-7-charts-show-who-still-lights-up-the-most/

BIBLIOGRAFIA

"Dialogue of a Man with His Soul." Ethics of Suicide Digital Archive, University of Utah. Acessado em 5 de fevereiro de 2019. https://ethicsofsuicide.lib.utah.edu/selectionslegyptian-didactic-tale/.

Di Leberto, Tom. "Summer Heat Wave Arrives in Europe." Climate.gov, 14 de julho de 2015. https://www.climate.gov/news-features/event-tracker/summer-heat-wave-arrives-europe.

Displacement Solutions. *Climate Displacement in Bangladesh: The Need for Urgent Housing, Land and Property* (HLT) *Rights Solutions*. Maio de 2012. https://unfc.int/adaptation/groups_committees/losss_and_damage_executive_committee/application/pdf/ds_bangladesh_report.pdf.

Dohmen, Thomas J. "In Support of the Supporters? Do Social Forces Shape Decisions of the Impartial?" Institute the Study of Labor (IZA) Bonn, abril de 2003. https://ftp.iza.org/dp755.pdf.

Dokoupil. Tony. "Why Suicide Has Become an Epidemic—and What We Can Do to Hep." *Newsweek*, 23 de maio de 2013. https://www.newsweek.com/2013/05/22/why-suicide-has-become-epidemic-and-what-we-can-do-help-237434.html.

Dunn, Marcia. "SpaceX Chief Envisions 1,000 Passenger Ships Flying to Mars." AP, 27 de setembro de 2016; https://apnews.com/a8c262f520c14ee583fdbb-07d1f82a25.

Durisin, Megan, e Shruti Date Singh. "Americans' Meat Consumption Set to Hit a Record in 2018." *Seattle Times*, 2 de janeiro de 2018. https://www.seattletimes.com/business/americans-meat-consumption-set-to-hit-a-record-in-2018/.

Eberle, Jaelyn J., Henry C. Fricke, John D. Humphrey, Logan Hackett, Michael G. Newbrey, e J. Howard Hutchison. "Seasonal Variability in Arctic Temperatures During Early Eocene Time." *Earth and Planetary Science Letters* 296, nº 3-4 (agosto de 2010): 481-86. https://doi.org/10.1016/j.epsl.2010.06.005.

Eckstein, David, Marie-Lena Hutfils, e Maik Wings. "Global Climate Risk Index 2019: Who Suffers Most from Extreme Weather Events? Weather-Related Loss Events in 2017 an 1998 to 2017." *Germanwatch*, dezembro de 2018. https://www.germanwatch.org/sites/germanwatch.org/files/Global%20Climate%20Risk%20INdex%202019_2.pdfd.

Erb, Karl-Heinz, Thomas Kastner, Christoph Plutzar, Anna Lisa S. Bais, Nuno Carvalhais, Tamara Fetzel, Simone Gingrich, Helmut Haberl, Christian Lauk, Maria Niedertscheider, Julia Pongratz, Martin Thurner, e Sebastiaan Luyssaert. "Unexpectedly Large Impact of Forest Management and Grazing on Global Vegetation Biomass." *Nature* 553, nº 7686 (janeiro de 2018). https:www.nature.com/articles/nature25138.

Erman, Adolf. *The Ancient Egyptians: A Sourcebook of Their Writings*. Translated by Ayward M. Blackman. Nova York: Harper and Row, 1966.

"Farm Population Lowest Since 1850's." *New York Times*, 20 de julho de 1988. https://www.nytimes.com/1988/07/20/us/farm-population-lowest-since-1850-s.html.

Ferreira, Becky. "Seeing Earth from Space Is the Key to Saving Our Species from Itself." *Motherboard*, 12 de outubro de 2016. https://motherboard.vice.com/en_us/article/bmvpxq/to-save-humanity-look-at-erath-from-space-overview-effect.

Firestone, Lisa. "Busting the Myths About Suicide." *PsychAlive*. Acessado em 24 de janeiro de 2019. https://www.psychalive.org/busting-the-myths-about-suicide/.

Fischer, Hilke, e Dave Keating. "How Eco-friendly Are Electric Cars?" Deutsche Welle, 8 de abril de 2017. https://www.com/en/how-eco-frienfly-are-eletric-car/a-19441437.

Fishcount. "Number of Farmed Fish Slaughtered Each Year." Acessado em 30 de janeiro de 2019. fishcounr.org.uk/fish-count-estimates-2/numbers-of-farmed-fish-slaughtered-each-year.

Fitch, Riley. "Julia Child: The OSS Years." *Wall Street Journal*, 19 de agosto de 2008. https://www.wsj.com/articles/SB121910345904851347.

Flynn, Mary M., e Andrew R. Schiff. "Economical Healthy Diets (2012): Including Lean Animal Protein Costs More Than Using Extra Virgin Olive Oil." *Journal of Hunger and Environmental Nutrition* 10, nº 4 (2015): 467-82. https://doi.org/10.1080/19320248. 2015.1045675.

Food and Agriculture Organization of the United Nations. "Current Worldwide Annual Meat Consumption per Capita, Livestock and Fish Primary Equivalent." Acessado em 26 de janeiro de 2019. http://faostat.fao.org/site/610/DeskcopDefault.aspx?PageID=610#ancor.

_____."Deforestation Causes Global Warming." FAO Newsroom, 4 de setembro de 2006. www.fao.org/newsroom/en/news/2006/1000385/index.html.

Food Will Win the War. Short film. Walt Disney Productions. YouTube, 24 de abril de 2012. https://www.youtube.com/watch?v=HeTqKKCm3Tg.

FRED Economic Data. "Real Median Personal Income in the United States." Federal Reserve Bank of Sr. Louis. Acessado em 1 de fevereiro de 2019. https://fred.stlouisfed.org/series/MEPAINUSA672N.

Frischmann, Chad. "100 Solutions to Reverse Global Warming." TED Talk video. YouTube, 19 de dezembro de 2018. https://www.youtube.com/watch?v=D4vjGSiRGKY&feature=youtu.be.

Gallagher, Hugh Gregory. *FDR's Splendid Deception: The Moving Story of Roosevelt's Massive Disability-and the Intense Efforts to Conceal It from the Public*. St. Petersburg, FL: Vandamere Press, 1999.

Gannon, Michael. *Operation Drumbeat: The Dramatic True Story of Germany's First U-Boat Attacks Along the American Coast in World War II*. Nova York: Harper and Row, 1996.

BIBLIOGRAFIA

Ganzel, Bill. "Shrinking Farm Numbers." Wessels Living History Farm, 2007. https://livinghistoryfarm.org/farminginthe50s/1ife_11.html.

Garan, Ron. *The Orbital Perspective: Lessons in Seeing the Big Picture from a journey of 71 Million Miles.* Oakland, CA: Berrett-Koehler, 2015.

Gates, Bill. "Climate Change and the 75% Problem." *Gatesnotes* (blog), 17 de outubro de 2018. https://www.gatesnotes.com/Energy/My-plan-for-fighting-climate-change.

Gekoski, Rick. "Fact-Check Fears." *Guardian,* 9 de setembro de 2011. https://www.theguardian.com/books/2011/sep/09/fact-check-rick-gekoski.

George C. Marshall Foundation. "National Nutrition Month and Rationing." 4 de março de 2016. https://www.marshallfoundation.org/blog/national-nutrition-month-rationing/.

Gerbens-Leenes, P. W., M. M. Mekonnen, e A. Y. Hoekstra. "The Water Footprint of Poultry, Pork and Beef: A Comparative Study in Different Countries and Production Systems." *Water Resources and Industry* 1-2 (2013): 25-36. https://doi.org/10.1016/j.wri.2013.03.001.

Gerber, P. J., H. Steinfeld, B. Henderson, A. Morret, C. Opio, J. Dijkman, A. Falcucci, e G. Tempio. *Tacking Climate Change Through Livestock: A Global Assessment of Emissions and Mitigation Opportunities.* Food and Agriculture Organization of the United Nations, Roma, 2013. htrp://www.fao.org/3/a-i3437e.pdf.

Ghosh, Amitav. *The Great Derangement: Climate Change and the Unthinkable.* Chicago: University of Chicago Press, 2016.

Girod, B., D. P. van Vuuren, e E. G. Hertwich. "Climate Policy Through Changing Consumption Choices: Options and Obstacles for Reducing Greenhouse Gas Emissions." *Global Environmental Change* 25 (2014): 5-15.

Glionna, John M. "Survivor Battles Golden Gate's Suicide Lure." *Seattle Times,* 4 de junho de 2005. https://www.seartletimes.com/nation-world/survivor-battles-golden-gates-suicide-lure/.

"Global Carbon Dioxide Emissions Rose Almost 3% in 2018." CBC. 5 de dezembro de 2018. https://www.cbc.ca/news/rechnology/carbon-pollution-increase-1.4934096.

Goldhill, Olivia. "Astronauts Repot an 'Overview Effect' from the Awe of Space Travel-and You Can Replicate It Here on Earth." *Quartz,* 6 de setembro de 2015. https://qz.com/496201/astronauts-report-an-overview-effect-from-the-awe-of-space-travel-and-you-can-replicate-it-here-on-earth/.

Goodland, Robert. "FAO Yields to Meat Industry Pressure on Climate Change." *New York Times,* 11 de julho de 2012. https://birrman.blogs.nyrimes.com/2012/07/11/fao-yields-co-meat-industry-pressure-on-climate-change/.

Goodland, Robert, e Jeff Anhang. "Livestock and Climate Change." *World Watch Magazine,* 10-19 novembro-dezembro de 2009. http://www.worldwarch.org/files/pdf/Livestock%20and%20Climare%20Change.pdf.

_____."'Livestock and Climate Change': Critical Comments and Responses." *World Watch Magazine,* 7-9 de março/abril de 2010. www.chornpingclimatechange. org/wp-content/uploads/2015/01/Livestock-and-Climate-Change-critical--comments-and-responses.pdf.

_____. "Response to 'Livestock and Greenhouse Gas Emissions: The Importance of Getting the Numbers Right; by Herrero et al. [Anim. Feed Sci. Technol. 166-167: 779-782]." *Animal Feed Science and Technology* 172, 252-56. https:// www.sciencedirecr.com/science/article/pii/S0377840111005177.

Goodland, Tom. "Robert Goodland Obituary." *Guardian,* 4 *de* fevereiro de 2014. https:// www.theguardian.com/environment/2014/feb/05/robert-goodland.

Gorman, James. "It Could Be the Age of the Chicken, Geologically." *New York Times,* 11 de dezembro de 2018. https://www.nytimes.com/2018/12/11/science/chicken-anthropocene-archaeology.html.

Greshko, Michael, Laura Parker, Brian Clark Howard, Daniel Stone, Alejandra Borunda, e Sarah Gibbens. "How Trump Is Changing the Environment." *National Geographic,* 17 de janeiro de 2019. https://news.nationalgeographic. com /2017/03/how-trump-is-changing-science-environment/.

Griffin, Paul. "The Carbon Majors Database: CDP Carbon Majors Report 2017." CDP, julho de 2017. http://climateaccountability.org/pdf/CarbonMajorsRpr2017%2O Ju1l7.pdf.

Guggenheirn, Davis, dir. *An Inconvenient Truth.* 2006: Paramount.

Harris Poll. "Carrying On Tradition Around the Thanksgiving Table." Acessado em 30 de janeiro de 2019. https://theharrispoll.com/thanksgiving-is-just-around--the-corner-and-americans-across-the-country-are-planning-what-to-serve-who--theyll-dine-with-and-where-theyll-ear-a-vast-majority-of-adults-indicate-the/.

Hartmann, Susan M. *The Home Front and Beyond: American Women in the 1940s.* Boston: Twayne, 1982.

Harvey, Fiona. "World Has Three Years Left to Stop Dangerous Climate Change, Warn Experts." *Guardian,* 28 de junho de 2017. https://www.theguardian. com/environment/2017/jun/28/world–has-three-years-left-to-stop-dangerous--climate-change-warn-experts.

Helliwell, John F., Richard Layard, e Jeffrey D. Sachs. *World Happiness Report 2018.* Acessado em 1 de fevereiro de 2019. https://s3.arnazonaws.com/happiness--report/2018/WHR_web.pdf.

Herbst, Diane, "Kevin Hines Survived a Jump off the Golden Gate Bridge. Now, He's Helping Others Avoid Suicide." PSYCOM, 8 de junho de 2018, https://www. psycom.net/kevin-hines-survived-golden-gare-bridge-suicide/.

Hershfield, Hal. "You Make Better Decisions If You 'See' Your Senior Self." *Harvard Business Review,* junho de 2013. https://hbr.org/2013/06/you-make-better--decisions-if-you-see-your-senior-self.

Hoekstra, Arjen Y, e Mesfin M. Mekonnen. "The Water Footprint of Humanity." *Proceedings of the National Academy of Sciences* 109, nº 9 (fevereiro de 2012), 3232-37. https://doi.org/10.1073/pnas.1109936109.

Holford, Thomas R., Rafael Meza, Kenneth E. Warner, Clare Meernik, Jihyoun Jeon, Suresh H. Moolgavkar, e David T. Levy. "Tobacco Control and the Reduction in Smoking-Related Premature Deaths in the United States, *1964-2012.*" *JAMA* 311, nº 2 (2014): 164-71. https://doi.org/10.1001/jama.2013.285112.

Huicochea, Alexis. "Man Lifts Car off Pinned Cyclist." *Arizona Daily Star*, 28 de julho de 2006. https://rucson.com/news/local/crime/man-lifts-car-off-pinned--cyclist/article37f04bbd-309b-5c7e-808d-1907d91517ac.html.

Human Rights Council. "Report of the Special Rapporteur on the Right to Food, Olivier De Schutter." United Nations General Assembly, 24 de janeiro de 2014. www.srfood.org/irmges/stories/pdf/officialreports/20140310_final-report_en.pdf.

Hunger Project. "Know Your World: Facts About Hunger and Poverty." Novembro de 2017. https://www.thp.org/knowledge-center/know-your-world-facts--about-hunger-poverty/.

Institute for Operations Research and the Management Sciences. "Carefully Chosen Wording Can Increase Donations by Over 300 Percent." *ScienceDaily*, 8 de novembro de 2016. www.sciencedaily.com/releases/2016/11/161108120317.html.

Institute of Noetic Sciences. "Our Story." IONS Earth Rise. Acessado em 31 de janeiro de 2019. https://noetic.org/eathrise/about/overview.

Intergovernmental Panel on Climate Change. *Climate Change 2013: The Physical Science Basis-Contribution of Working Group I to the Fifth Assessment Report of the intergovernmental Panel on Climate Change,* chap. 8 (Cambridge, UK, e Nova York: Cambridge University Press, 2013), 711-14, table 8.7. https://doi.org/10.1017/CB09781107415324.

_____. *Global Warming of 1.5°C: An IPCC Special Report on the lmpacts of Global Warming of 1.5°C Above Pre-industrial Levels and Related Global Greenhouse Gas Emission Pathways, in the Contextof Strengthening the Global Response to the Threat of Climate Change, Srt Stainable Development, and Efforts to Eradicate Poverty*. Edited by V. Masson-Delmotte, P. Zhai, H. O. Pormer, D. Roberrs, J. Skea, P. R. Shukla, A. Pirani, W. Moufouma-Okia, C. Péan, R. Pidcock, S. Connors,].B.R. Matthews, Y. Chen, X. Zhou, M. 1. Gomis, E. Lonnoy, T. Maycock, M. Tignor, e T. Waterfield. 2018.

Jacobson, Mark Z., e Mark A. Delucchi. "A Path to Sustainable Energy by 2030." *Scientific American*, novembro de 2009, 58-65. https://web.stanford.edu/group/efmh/jacobson/Articles/I/sad1109Jac05p.indd.pdf.

Jardine, Phil. "Patterns in Paleontology: The Paleocene-Eocene Thermal Maximum." *Paleontology Online* 1, nº 5. Acessado em 31 de janeiro de 2019. https://

www.palaeonrologyonIine.com/articles/2011/the-paleocene-eocene-thermal-
-maximum/.
Joint Study for the Atmosphere and the Ocean "PDO Index." University of Washington. http://research.jisao.washington.edu/pdo/PDO.latest.
Jouzel, Jean, Valérie Masson-Delmotte, Oliviet Carrani, Gabrielle B. Dreyfus, Sonia Falourd, Georg Hoffmann, Benedicte Minster, Julius Nouet, J. M. Barnola, Jérôme Chappellaz, Hubertus Fischer, Jean Charles Gallet, S.E.J. Johnsen, Markus Leuenberger, Laetitia Loulergue, Dieter Lüthi, Hans Oerrer, Frédéric Partenin, Grant M. Raisbeck, Dominique Raynaud, Adrian Schilt, Jakob Schwander, Enricomaria Sei mo, Roland A. Souchez, Renato Spahni, Bernhard Stauffer, Jorgen Peder Steffensen, Barbara Stenni, Thomas F. Srocker, J. L. Tison, Maria Werner, e Eric W. Wolf E. "Orbital and Millennial Antarctic Climate Variability over the Past 800,000 Years." *Science* 317, nº 5839 (2007): 793-96. https://doi.org/10.1126/science.1141038.
Kanaly, Robert A., Lea Ivy O. Manzanero, Gerard Foley, Sivanandam Panneerselvam, Darryl Macer. "Energy Flow, Environment and Ethical Implications for Meat Production." Ethics and Climate Change in Asia and the Pacific (ECCAP) Project, 2010. www.eubios.info/yahoo_site_admin/assets/docs/ECCAPW-GI3.83161418.pdf.
Kaneda, Toshiko, e Carl Haub. "How Many People Have Ever Lived on Earth~" Population Reference Bureau, 9 de março de 2018. https://www.prb.org/howmanypeoplehaveeverlivedonearth/.
Kastberger, Gerald, Evelyn Schmelzer, e lse Kranner. "Social Waves in Giant Honeybees Repel Hornets." *PLOS ONE* 3, nº 9 (2008): e3141. https://doi.org/10.1371/journal.pone.0003141.
Kearl, Michael C. *Endings: A Sociology of Death and Dying.* Nova York: Oxford University Press, 1989.
Khan, Sammyh S., Nick Hopkins, Stephen Reicher, Shruri Tewari, Narayanan Srinivasan, e Clifford Stevenson. "How Collective Participation Impacts Social Identity: A Longitudinal Study from India." *Political Psychology* 37 (2016): 309-25. https://doi.org/10.1111/pops.12260.
Kim, B. F., R. E. Santo, A. P. Scatterday, J. P. Fry, C. M. Synk, S. R. Cebron, M. M. Mekonnen, A. Y. Hoekstra, S. de Pee, M. W. Bloem, R. A. Neff, e K. E. Nachman. "Country-Specific Dietary Shifts to Mitigate Climate and Water Crises." Publication pending.
Kim, Brent, Roni Neff, Raychel Santo, e Juliana Vigorito. "The Importance of Reducing Animal Product Consumption and Wasted Food in Mitigat*ing* Catastrophic Climate Change." Johns Hopkins Center for a Livable Future, 2015. https://www.jhsph.edulresearchlcenters-and-institutesljohns_hopkins-
-center-for-a-livable-future/_pdf/research/clf_reports/importance-of-reducing-

BIBLIOGRAFIA 269

-animal-product-consumption-and_wasted_food_in-mitigating-catastrophic--climate-change.pdf.

Kluger, Jeffrey. "Earth from Above: The Blue Marble." *Time,* 9 de fevereiro de 2012. time.com/3785942/blue-marble/.

Knapton, Sarah. "Human Race Is Doomed If We Do Not Colonize the Moon and Mars, Says Stephen Hawking." *Telegraph,* 20 de junho de 2017. https://www.telegraph.co.uk/science/2017/06/20/human_race_doomed_do-not-colonise--moon-mars-says-stephen-hawking/.

Koneswaran, G., e D. Nierenberg. "Global Farm Animal Production and Global Warming: Impacting and Mitigating Climate Change." *Environmental Health Perspectives* 116, nº 5 (2008): 578-82. hnps://www.ncbi.nlm.nih.gov/pmc/articles/PMC2367646/.

Korecki, Peter. "Jeff Bezos Is the Richest Man in Modern History-Here's How He Spends on Philanthropy." *Business Insider,* 13 de setembro de 2018. https://www.businessinsider.com/jeff-bezos-richesr-person_modern_history-spends--on-charity-2018-7.

Kuper, Simon. "Who Stole the Mona Lisa?" *Slate,* 7 de agosto de 2011. https://slate.com/human-interest/2011/08/who-stole-the-mona-1isa-the-world-s-most--famous-art-heist-100-years-on.html.

"'LA GIOCONDA' IS STOLEN IN PARIS; Masterpiece of Leonardo da Vinci Vanishes from Louvre [. . .]." *New York Times,* 23 de Agosto de 1911. https://www.nytimes.com/1911/08/23/archives/la-gioconda-is-stolen-in-paris--masterpiece-of-leonardo-da-vinci.html.

Lamble, Lucy. "With 250 Babies Born Each Minute, How Many People Can the Earth Sustain?" *Guardian,* 23 de abril de 2018. https://www.theguardian.com/global-development/2018/apr/23/population_how_many_people-can--the-earth-sustain-lucy-Iamble.

Lavelle, Marianne. "2016: Obama's Climate Legacy Marked by Triumphs and Lost Opportunities." *inside Climate News,* 26 de dezembro de 2016. https://insideclimate news.org/news/23122016/obama-climate-change_legacy_trump_policies.

Lee, Bruce Y. "What Is 'Selfitis' and When Does Taking Selfies Become a Real Problem?" *Forbes,* 26 de dezembro de 2017. https://www.forbes.com/sites/brucelee/20 17/ 12/26/what-is-selfitis-and-when-does-taking-selfies-become--a-real-problem/#648994c330dc.

Lehmkuhl, Vance. "Livestock and Climate: Whose Numbers Are More Credible?" *Philadelphia Inquirer,* 2 de março de 2012. https://www.philly.com/philly/blogs/earth-to-philly/Livestock-and-climate-Whose-numbers_are_more_credible.html.

Leiserowirz, Anchony, Edward Maibach, Seth Rosenthal, John Kotcher, Mathew Ballew, Matthew Goldberg, e Abel Gustafson. "Climate Change in the American Mind: December 2018." Yale Program on Climate Change Communication,

22 de janeiro de 2019. climatecommunication.yale.edu/publications/climate-change-in-the-american-mind-december_2018/2/.

Leskin, Paige. "The 13 Tech Billionaires Who Donate the Biggest Percentage of Their Wealth to Charity." *Business Insider,* 31 de janeiro de 2019. https://www.businessinsider.com/tech-billionaires-who_donate_most-to-charity-2019-1.

Levine, Morgan E., Jorge A. Suarez, Sebastian Brandhorst, Priya Balasubramanian, Chia-Wei Cheng, Federica Madia, Luigi Fonrana, Mario G. Mirisola, Jaime Guevara-Aguirre, Junxiang Wan, Giuseppe Passarino, Brian K. Kennedy, Min Wei, Pinchas Cohen, Eileen M. Crimmins, e Valter D. Longo. "Low Protein Intake Is Associated with a Major Reduction in IGF-1, Cancer, and Overall Mortality in the 65 and Younger but Not Older Population." *Cell Metabolism* 19 (2014): 407-17. https://doi.org/10.1016/j.cmer.2014.02.006.

Lewin, Zofia, e Wladyslaw Barroszewski, eds. *Righteous Among Nations: How the Poles Helped the Jews* 1939-1945. Londres: Earlscourt 42 Publications, 1969. www.writing.upenn.edu/-afilreis/Holocaust/karski.html.

Lincoln, Abraham. "Proclamation of Thanksgiving." Acessado em 30 de janeiro de 2019. www.abrahamlincolnonline.org/lincoln/speeches/thanks.html.

Low, Philip. "The Cambridge Declaration on Consciousness." Presented at the Francis Crick Memorial Conference on Consciousness in Human and Non-Human Animals, Churchill College, University of Cambridge, 7 de julho de 2012. fcmconference.org/img/CambridgeDeclarationOnConsciousness.pdf.

Ma, Qiancheng. "Greenhouse Gases: Refining the Role of Carbon Dioxide." National Aeronautics and Space Administration, Goddard Institute for Space Studies, março de 1998. https://www.giss.nasa.gov/research/briefs/ma_01/.

Mann, Michael E., e Lee R. Kump. *Dire Predictions: The Visual Guide to the Findings of the IPCC.* 2nd ed. Londres: DK, 2015.

Mapes, Terri. "The Population of Nordic Countries." *TripSavvy,* 17 de agosto de 2018. https://www.tripsavvy.com/population-in-nordic-countries_1626872.

Margulis, Sergio. "Causes of Deforestation of the Brazilian Amazon." World Bank Working Paper 22, 2004. http://documemts.worldbank.org/curated/en1758171468768828889/pdf/277150PAPEROwbwpOno1022. pdf.

Marlon, Jennifer, Eric Fine, e Anthony Leiserowitz. "Majorities of Americans in Every State Support Participation in the Paris Agreement." Yale Program on Climate Change Communication, 8 de maio de 2017. climatecommunication.yale.edu/publications/paris_agreement_by_state/.

Marshall, George. *Don't Even Think About It: Why Our Brains Are Wired to Ignore Climate Change.* Nova York: Bloomsbury USA, 2014.

Martin Luther King, Jr., Research and Education Institute. "March on Washington for Jobs and Freedom." Stanford University. Acessado em 25 de janeiro de 2019. https:// kinginstitute.stanford.edu/encyclopedia/march-washington_jobs--and-freedom.

Masci, David. "For Darwin Day, 6 Faces About the Evolution Debate." Pew Research Center, 10 de fevereiro de 2017. www.pewresearch.org/face-tank/2017/02/10/darwin-day/.

Matthews, Dylan. "Donald Trump Has Tweeted Climate Change Skepticism 115 Times. Here's All of It." *Vox*, 1 de junho de 2017. https://www.vox.com/policy-and-politics/2017/6/1/15726472/trump-tweets-global-warming-paris--climate-agreement.

McDonald, Charlotte. "How Many Earths Do We Need?" BBC News, 16 de junho de 2015. https://www.bbc.com/news/magazine-33133712.

McKibben, Bill. "Global Warming's Terrifying New Math." *Rolling Stone*, 19 de julho de 2012. https://www.rollingstone.com/politics/politics-news/global_warmings-terrifying-new-math-188550/.

———. "Up Against Big Oil in the Midterms." *New York Times*, 7 de novembro de 2018. https://www.nytimes.com/2018/11/07/opinion/climate-midrerms--emissions-fossil-fuels.html.

McKie, Robin. "A Jab for Elvis Helped Beat Polio. Now Doctors Have Recruited Him Again." *Guardian*, 23 de abril de 2016. https://www.theguardian.com/society/2016/apr/24/elvis-presley-polio-vaccine-world-immunisation-week.

McKinney, Kelsey. "The Mona Lisa Is Protected by a Fence that Beyoncé and JayZ Ignored." *Vox*, 13 de outubro de 2014. https://www.vox.com/xpress/2014/10/13/6969099/the-mona-lisa-is-protected-by-a-fence-that--beyonce-and-jay-z-ignored.

Meixler, Eli. "Half of Alt Wildlife Could Disappear from the Amazon, Galapagos and Madagascar Due to Climate Change." *Time*, 14 de março de 2018. time.com/5198732/wwf-climate-change-report-wildlife/.

Mellsrröm, Carl, e Magnus Johannesson. "Crowding Out in Blood Donation: Was Titmuss Right?" *Journal of the European Economic Association* 6 (2008): 845-63. https://doi.org/10.1162/JEEA.2008.6.4.845.

Milman, Oliver. "Climate Change Is Making Hurricanes Even More Destructive, Research Finds." *Guardian*, 14 de novembro de 2018. https://www.theguardian.com/environment/2018/nov/14/climate-change-hurricanes-study-global--warming.

Mooallem, Jon. "The Last Supper: Living by One-Handed Food Alone." *Harper's Magazine*, julho de 2005.

Moore, David W. "Nine of Ten Americans View Smoking as Harmful." Gallup News Service, 7 de outubro de 1999. https://news.gallup.com/poll/3553/nine-ten--americans-view-smoking-harmful.aspx.

Mortimer, Ian. "The Mirror Effect: How the Rise of Mirrors in the Fifteenth Century Shaped Our Idea of the Individual." *Lapham's Quarterly*, 9 de novembro de 2016. https://www.laphamsquarterly.org/roundrable/mitror-effece.

BIBLIOGRAFIA

Morton, Elia. "Object of Intrigue: The Dummy Paratroopers of WWII." Atlas Obscura, 10 de novembro de 2015. https://www.atlasobscura.com/articles/object-of-intrigue-the-dummy-paratroopers-of-wwii.

Moss, Michael. "Nudged to the Produce Aisle by a Look in the Mirror." *New York Times*, 27 de agosto de 2013. https://www.nytimes.com/2013/08/28/dining/wooing-us-down-the-produce-aisle.html.

Muise, Amy, Elaine Giang, e Emily A. Impett. "Post Sex Affectionate Exchanges Promote Sexual and Relationship Satisfaction." *Archives of Sexual Behavior 47*, nº 3 (outubro de 2014): 1391-1402. https://doi.org/10.1007/s10508-014-0305-3.

Nardo, Don. *The Blue Marble: How a Photograph Revealed Earth's Fragile Beauty*. Mankato, MN: Compass Poim, 2014.

NASA. "The Hubble Space Telescope." Goddard Space Flight Center. Acessado em 1 de fevereiro de 2019. https://asd.gsf.nasa.gov/archive/hubble/missions/sm1.html.

_____. "Mars Facts." Acessado em 1 de fevereiro de 2019. https://mars,nasa.gov/allaboutmars/facts/#c=inspace&s=distance;

_____. "Scientific Consensus: Earth's Climate Is Warming." Acessado em 30 de janeiro de 2019. https://climate.nasa.gov/scientific-consensus/.

NASA Earth Observatory. "How Is Today's Warming Different from the Past? 3 de junho de 2010. https://earthobservatory.nasa.gov/features/GlobalWarming/page3;php.

_____. "Is Current Warming Natural?" 3 de junho de 2010. https://earthobservatory.nasa.gov/feartures/GlobalWarming/page4.php.

National Center for Injury Prevention and Control. "Suicide Rising Across the US." Centers for Disease Control and Prevention. Acessado em 25 de janeiro de 2019. https://www.cde.gov/vitalsigns/suicide/index.html.

National Centers for Environmental Information. "Glacial-Interglacial Cycles." National Oceanic and Atmospheric Administration. Acessado em 31 de janeiro de 2019. https://www.ncdc.noaa.gov/abrupt-climate-change/Glacial--Interglacial%20Cycles.

_____. "Global Climate Report-Annual 2017." National Oceanic and Atmospheric Administration. Acessado em 31 de janeiro de 2019. https://www.ncde.noaa.gov/sotc/global/201713.

National Research Council. *Climate Intervention: Reflecting Sunlight to Cool Earth*. Washington, D.C.: National Academies Press, 2015. https://doi.org/10.17226/18988.

National Snow and Ice Data Center. "All About Sea Ice: Albedo." Acessado em 30 de janeiro de 2019. https://nside.org/cryosphere/seaice/processes/albedo.html.

National Weather Service Climate Prediction Center. "Cold and Warm Episodes by Season." http://origin.cpc.ncep.noaa.gov/products/analysis_monitoring/ensostuff/ONCv5.php.

BIBLIOGRAFIA

Natural Resources Institute Finland. "What Was Eaten in Finland in 2016." 29 de junho de 2017. https://www.luke.fi/en/news/earen-finland_2016/.

Neuman, Scott. "I in 4 Americans Thinks the Sun Goes Around the Earth, Survey Says." NPR, 14 de fevereiro de 2014. https://www.npr.org/sections/thetwo-way/2014/02/14/277058739/1-in-4-americans-think-the-sun-goes-around-the-earth-survey-says.

New Mexico Museum of Space History. "International Space Hall of Fame: William A. Anders." Acessado em 24 de janeiro de 2019. http://www.nmspacemuseum.org/halloffame/detail.php?id=71.

New York University. "Scientists Find Evidence That Siberian Volcanic Eruptions Caused Extinction 250 Million Years Ago." Press release, 2 de outubro de 2017. https://www.nyu.edu/about/news-publications/news/2017/october/scientists-find-evidence-that-siberian-volcanic-eruptions-caused.html.

Nicholas, Elizabeth. "An Incredible Number of Americans Have Never Left Their Home State." Culture Trip, 19 de janeiro de 2018. https://theculturetrip.com/north-america/usa/articles/an-incredible-number-of_americans-have-never-left-their-home-state/.

Norton, Mary Beth, David M. Katzman, David W. Blight, Howard Chudacoff, e Fredrik Logevall. *A People and a Nation: A History of the United States, Volume 2; Since 1865*. 7th ed. Boston: Wadsworth, 2006.

Nossiter, Adam. "France Suspends Fuel Tax Increase That Spurred Violent Protests." *New York Times*, 4 de dezembro de 2018. https://www.nytimes.com/2018/12/04/world/europe/france-fuel-tax-yellow-vests.html.

Nuccitelli, Dana. "Is the Climate Consensus 97%, 99.9%, or Is Plate Tectonics a Hoax?" *Guardian*, 3 de maio de 2017. https://www.theguardian.com/environment/climate-consensus-97-per-cem/2017/may/03/is-the-climate-consensus-97-999-or-is-plate-tectonics-a-hoax.

O'Connot, Flannery. *The Complete Stories*. Nova York: Farrar, Straus and Giroux, 1971.

Office of the Press Secretary. "President Bush Discusses Global Climate Change." White House, 11 de junho de 2001. https://georgewbush-whitehouse.archives.gov/news/releases/2001/06/20010611-2.html

———. "President's Statement on Climate Change." White House, 13 de julho de 2001. https://georgewbush-whitehouse.archives.gov/news/releases/2001/07/20010713-2.html.

Ossian, Lisa L. *The Forgotten Generation: American Children and World War II*. Columbia, MO, and Londres: University of Missouri Press, 2011.

Our Children's Trust. "Juliana v. U.S.-Climate Lawsuit." Acessado em 24 de janeiro de 2019. https://www.ourchildrenstrust.org/us/federal-Iawsuit/.

Oxfam. "Extreme Carbon Inequality." Oxfam media briefing, 2 de dezembro de 2015. https://www.oxfam.org/sites/www.oxfam.org/files/file_attachmenrs/mb-extreme-carbon-inequality021215-en.pdf.

Paglen, Trevor. *The Last Pictures Project.* Video. Creative Time. YouTube, 20 de março de 2017. https://www.yourube.com/watch?v==dsB]TBKQh9I.

Parisienne, Theodore, Thomas Tracy, Adam Shrier, e Larry McShane. "Famed Gay Rights Lawyer Sets Himself on Fire at Prospect Park in Protest Suicide Against Fossil Fuels." *Daily News,* 14 de abril de 2018. https://www.nydailynews.com/new-york/charred-body-found-prospect-park_walking_path-article-1.3933598.

Parker, Laura. "143 Million People May Soon Become Climate Migrants." *National Geographic,* 19 de março de 2018. https://news.nationalgeographic.com/2018/03/climate-migrants-report-world-bank-spd/.

Pasiakos, Stefan M., Sanjiv Agarwal, Harris R. Lieberman, e Victor L. Fulgoni III. "Sources and Amounts of Animal, Dairy, and Plant Protein Intake of US Adults in 2007-2010." *Nutrients* 7, nº 8 (2015): 7058-69. https://doi.org/10.3390/nu7085322.

PBS. "Civil Rights: Japanese Americans-Minorities." Acessado em 1 de fevereiro de 2019. https://www.pbs.org/thewar/at_home_civil_rights_minorities.htm.

Penn, Justin L., Curtis Deutsch, Jonathan L. Payne, e Erik A. Sperling. "Temperature--Dependent Hypoxia Explains Biogeography and Severity of End-Permian Marine Mass Extinction." *Science* 362, nº 6419 (dezembro de 2018). https://doi.org/10.1126/science.aatl327.

Pensoft Publishers. "Bees, Fruits and Money: Decline of Pollinators Will Have Severe Impact on Nature and Humankind." *ScienceDaily.* Acessado em 15 de março de 2019. www.sciencedaily.com/releases/2012/09/120904101128.htm.

Perrin, Andrew. "Who Doesn't Read Books in America?" Pew Research Center, 23 de março de 2018. www.pewresearch.org/fact-tank/2018/03/23/who-doesnt--read-books-in-america/.

Perrone, Catherine, e Lauren Handley. "Home From Friday: The Victory Speed Limit." National WWII Museum. Acessado em 12 de janeiro de 2019. http://nww2m.com/2015/12/home-front-friday-get-in-the-scrap/.

Physikalisch-Meteorologische Observatorium Davos / World Radiation Center (PMOD/WRC). "Solar Constant: Construction of a Composite Total Solar Irradiance (TSI) Time Series from 1978 to the Present." https://www.pmodwrc.ch/en/research-development/solar-physics/tsi-composite/.

Pierre-Louis, Kendra. "Ocean Warming Is Accelerating Faster Than Thought, New Research Finds." *New York Times,* 10 de janeiro de 2019. https://www.nytimes.com/2019/01/10/climate/ocean-warming-climate-change.html.

Pilon, Mary. "I Found a Dead Body on My Morning Run-It's Something You Can't Run Away From." *Runller's World,* 18 de abril de 2018. https://www.runnersworld.com/runners-srories/a19843617/i-found-a-dead-body-on-my-morning--runits-something-you-cant-run-away-from/.

Plastic Pollution Coalition. "The Last Plastic Straw Movement." Acessado em 25 de janeiro de 2019. https://www.plasticpollutioncoalition.org/no-straw-please/.

BIBLIOGRAFIA

Plumer, Brad. "US. Carbon Emissions Surged in 2018 Even as Coal Planes Closed." *New York Times,* 8 de janeiro de 2019. https://www.nytimes.com/2019/0l/08/climate/greenhouse-gas-emissions-increase.html.

Poirier, Agnes. "One of History's Most Romantic Photographs Was Staged." BBC, 14 de fevereiro de 2017. www.bbe.com/culture/story/20170213-the-iconic--photo-that-symbolises-love.

Power, Samantha. *"A Problem from Hell": America and the Age of Genocide.* Nova York: HarperCollins, 2003.

Prairie Climate Center. "Four Degrees of Separation: Lessons from the Last Ice Age." 28 de outubro de 2016. prairieclimatecentre.ca/2016/1O/four-degrees--of-separation-lessons-from-the-last-ice-age/.

Project Drawdown. "Solutions." Acessado em 1 de fevereiro de 2019. www.drawdown.org/solutions.

Pursell, Weimer. "When you ride ALONE you ride with Hitler!" 1943. Poster. National Archives and Records Administration. https://www.archives.gov /exhibits/powers_oCpersuasion/use_it_up/images_html/ride_wirh_hitler .html.

Raftery, Adrian E., Alec Zimmer, Dargan M. W. Frierson, Richard Startz, e Peiran Liu. "Less Than 2ªC Warming by 2100 Unlikely." *Nature Climate Change* 7 (2017): 637-41. https://www.nature.com/articles/nclimate3352#article-info.

Rasmussen, Frederick N. "Liberty Ships Honored Blacks in U.S. History." *Baltimore Sun,* 6 de março de 2004. https://www.baltimoresun.com/news/bs-xpm-2004-03-06-0403060173-story.html.

Reaves, Jessica. "Where's the Beef (in the Teenage Diet)?" *Time,* 30 de janeiro de 2003. content.time.com/time/health/article/0,8599,412343,00.html.

Rebuild by Design. "The Big U." Acessado em 30 de janeiro de 2019. www.rebuildbydesign.org/our-work/all-proposals/winning-projects/big-u.

Reinert, AI. "The Blue Marble Shot: Our First Complete Photograph of Earth." *Attlantic,* 12 de abril de 2011. https://www.thearlamic.com/technology/archive/2011/04Ithe-blue-marble-shot-our-first-complete-phorograph-of--earth/237167/.

Rennell, Tony. "The Blitz 70 Years On: Carnage at the Café de Paris." *Daily Mail,* 9 de abril de 2010. https://www.dailymail.co.uk/femail/article-1264532/The--blitz-70-years-Carnage-Caf-Paris.html.

Revkin, Andrew C. "Global Warming and the 'Tyranny of Boredom.'" *New York Times,* 27 de outubro de 2010. https://dotearth.blogs.nytimes.com/2010/1O/27/global-warming-and-the-tyranny-of-boredom/.

Rice, Doyle. "Yes, Chicago Will Be Colder Than Antarctica, Alaska and the North Pole on Wednesday." *USA Today,* 29 de janeiro de 2019. https://www.usatoday.com/story/news/nation/2019/01/29/polar-vortex-2019-chicago-colder-than--antarctica-alaska-north-pole/2715979002/.

Rich, Nathaniel. "Losing Earth: The Decade We Almost Stopped Climate Change." *New York Times Magazine,* 1 de agosto de 2018. https://www.nytimes.com/interactive/2018/08/01/magazine/climate-change-losing-earth.html.

Riding, Alan. "In Louvre, New Room with View of 'Mona Lisa.'" *New York Times,* 6 de abril de 2005. https://www.nytimes.com/2005/04/06/arrs/design/in--louvre-new-room-with-view-of-mona-lisa.html.

Ritchie, Earl J. "Exactly How Much Has the Earth Warmed? And Does It Matter?" *Forbes,* 7 de setembro de 2018. https://www.forbes.com/sites/uhenergy/2018/09/07/exactly-how-much-has-the-earth-warmed-and-does--it-matter/#7d0059185c22.

Ritchie, Hannah. "How Do We Reduce Antibiotic Resistance from Livestock?" Our World in Data, 16 de novembro de 2017. https://ourworldindata.org/antibiotic-resistance-from-livestock.

Robinson, Alexander, Reinhard Calov, e Andtey Ganopolski. "Multistability and Critical Thresholds of the Greenland Ice Sheet." *Nature Climate Change 2* (2012): 429-32. https://doi.org/10.1038/nclimate1449.

Rochat, Philippe. "Five Levels of Self-Awareness as They Unfold Early in Life." *Consciousness and Cognition* 12 (2003): 717-31. http://www.psychology.emory.edu/cognition/rochat/Rochat5levels.pdf.

Roosevelt, Franklin Delano. "Executive Order 9250, Providing for the Stabilizing of the National Economy." 3 de outubro de 1942. Acessado em 2 de fevereiro de 2019. https://www.archives.gov/federal-register/executive-orders/1942.html.

———. "Fireside Chat 21: On Sacrifice." 28 de abril de 1942. Miller Center, University of Virginia. Acessado em 30 de janeiro de 2019. https://millercenter.org/the-presidency/presidential-speeches/april-28-1942-fireside-chat-21-sacrifice.

Rosener, Ann. *Women in Industry. Gas Mask Production....* Julho de 1942. Photograph. United States Office of War Information, Library of Congress, https://www.loc.gov/item/2017693574/.

Rothman, Lily, e Arpira Aneja. "You Still Don't Know the Whole Rosa Parks Story." *Time,* 30 de novembro de 2015. time.com/4125377/rosa-parks-60-years-video/.

Rumble, Taylor-Dior. "Claudette Colvin: The 15-Year-Old Who Carne Before Rosa Parks." BBC World Service, 10 de março de 2018. https://www.bbe.com/news/stories-43171799.

"Russia's Rich Hiring Luxurious 'Ambulance-Taxis' to Beat Moscow's Traffic Jams." *National Post,* 22 de março de 2013. https://nationalpost.com/news/russias--rich-hiring-luxurious-ambulance-taxis-to-beat-moscows_traffic-jams.

Safire, William. *Before the Fali: An Inside View of the Pre-Watergate White House.* Nova York: Doubleday, 1975.

Salk Institute for Biological Studies. "About Jonas Salk." Acessado em 30 de janeiro de 2019. https://www.salk.edu/about/history-of-salk/jonas-salk/.

Scheiber, Noam. "Google Workers Reject Silicon Valley Individualism in Walkout." *New York Times*, 6 de novembro de 2018. https://www.nytimes.com/2018/11/06/business/google-employee-walkout-labor.html.

Schein, Lisa. "More People Die from Suicide Than from Wars, Natural Disasters Combined." *VOA News*, 4 de setembro de 2014. https://www.voanews.com/a/more-people-die-from-suicide-than-from-wars-natural_disasters-combined/2438749.html.

Schiller, Ben. "Sorry, Buying a Prius Won't Help with Climate Change." *Fast Company*, 31 de janeiro de 2014. https://www.fastcompany.com/3025359/sorry-buying-a-prius-wont-help-with-climate-change.

Schleussner, Carl Friedrich, Tabea K. Lissner, *Erich* M. Fischer, Jan Wohland, Mahé Perrerre, Antonius Golly, Joeri Rogelj, Katelin Childers, Jacob Schewe, Katja Frieler, Matthias Mengel, William Hare, e Michiel Schaeffer. "Differential Climate Impacts for Policy-Relevant Limits to Global Warming: The Case of 1.5°C and 2°c." *Earth System Dynamics* 7, nº 21 (abril de 2016): 327-51. https://doi.org/l0.5194/esd-7-327-2016.

Schwartz, Alexandra. "Esther Perel Lets Us Listen in on Couples' Secrets." *New Yorker*, 31 de maio de 2017. https://www.newyorker.com/culture/cultural-comment/esther-perel-lets-us-listen-in-on-couples-secrets.

Schwartz, Jason. "MSNBC's Surging Ratings Fuel Democratic Optimism." *Politico*, 11 de abril de 2018. https://www.politico.com/story/2018/04/11/msnbc--democrats-ratings-cnn-fox-513388.

Scott, Michon, e Rebecca Lindsey. "What's the Hottest Earth's Ever Been?" *ClimateWatch Magazine*, 12 de agosto de 2014. https://www.climate.gov/news-features/climate-qa/whats-hottest-earths-ever-been.

Scranton, Roy. "Learning How to Die in the Anthropocene." *New York Times*, 10 de novembro de 2013. https://opinionator.blogs.nytimes.com/2013/1111OIlearning--how-to-die-in-the-anthropocene/.

——. "Raising My Child in a Doomed World." *New York Times*, 16 de julho de 2018. https://www.nytimes.com/2018/07/16/opinion/clirnate_change--parenting.html.

Sentience Institute. "US Factory Farming Estimates (Animals Alive at Present)." Spreadsheet.https://docs.google.com/spreadsheets/d/liUpRFOPmAE5I04h04PyS4MP_kHzkuM_soqAyVNQc]cledit#gid==0.

Shah, Bela. "Addicted to Selfies: I Take 200 Snaps a Day." BBC News, 27 de fevereiro de 2018. https://www.bbc.com/news/newsbeat-43197018.

Shampo, Marc A., e Robert A. Kyle. 'Jonas E. Salk – Discoverer of a Vaccine against Poliomyelitis." *Mayo Clinic Proceedings* 73, nº 12 (1998): 1176. https://doi.org/lOA065/73.12.1176.

Shapiro, Robert Moses, e Tadeusz Epsztein, eds. With an introduction by Samuel D. Kassow. "The Warsaw Ghetto Oyneg Shabes – Ringelblum Archive Catalog and Guide." United States Holocaust Memorial Museum. Acessado em 25 de janeiro de 2019. https://www.ushmm.org/research/publications/academic-publications/full-list-of-academic-publications/the_warsaw-ghetto-oyneg-shabesringelblum-archive-catalog-and-guide.

Shaw, Stacy. "The Overview Effect." *Psychology in Action*, 1 de janeiro de 2017. https://www.psychologyjnaceion.org/psychology-in-action-l/2017/01/01Ithe-overview-effect.

Sifferlin, Alexandra. "Global Jewish Population Approaches Pre-Holocaust Levels." *Time*, 29 de junho de 2015. time.com/3939972/global-jewish-population/.

Smithsonian National Air and Space Museum. "Apollo to the Moon." Acessado em 24 de janeiro de 2019. https://airandspace.si.edu/exhibitions/apollo-to-the_moon/online/later-missions/apollo-17.cfm.

Solly, Meilan. "How Did the 'Great Dying' Kill 96 Percent of Earth's Ocean-Dwelling Creatures?" *Smithsonian*, 11 de dezembro de 2018. https://www.smith-sonianmag.com/smart-news/how-did-great-dying_kill_96_percent-earths-ocean-dwelling-creatures-180970992/.

Springmann, Marco, Michael Clark, Daniel Mason-D'Croz, Keith Wiebe, Benjamin Leon Bodirsky, Luis Lassalerra, Wim de Vries, Sonja J. Vermeulen, Mario Herrero, Kimberly M. Carlson, Malin Jonell, Max Troell, Fabrice DeClerck, Line J. Gordon, Rami Zurayk, Peter Scarborough, Mike Rayner, Brem Loken, Jess Fanzo, H. Charles J. Godfray, David Tilman, Johan Rockström, e Walter Willett. "Options for Keeping the Food System Within Environmental Limits." *Nature* 562, nº 7728 (outubro de 2018): 519-25. https://doi.org/10.1038/41586-018-0594-0.

Steinfeld, Henning, e Pierre Gerber. "Livestock Production and the Global Environment: Consume Less or Produce Better?" *Proceedings of the National Academy of Sciences* 107, nº 43 (26 de outubro de 2010). https://www.ncbi.nlm.nih.gov/pmc/articles/PMC2972985/pdf/pnas.201012541.pdf.

Steinfeld, Henning, Pierre Gerber, Tom Wassenaar, Vincent Castel, Mauricio Rosales, e Cees de Haan. *Livestock's Long Shadow: Environmental Issues and Options*. Roma: Food and Agriculture Organization of the United Nations, 2006. http://www.fao.org/docrep/Ol0/a0701e/a0701e.pdf.

Steinfeld, Henning, e Tom Wassenaar. "The Role of Livestock Production in Carbon and Nitrogen Cycles," *Annual Review of Environment and Resources*, vol. 32 (21 de novembro de 2007): 271-94, hnps://doi.org/10.1146/annurev.energy.32.041806.143508.

Steinmetz, Katy. "See Obama's 20-Year Evolution on LGBT Rights." *Time*, 10 de abril de 2015. time.com/3816952/obama-gay-lesbian-transgender-lgbt-rights/.

Strain, Daniel. "How Much Carbon Does the Planet's Vegetation Hold?" *Future Earth Blog*, 31 de janeiro de 2018. www.futureearth.org/blog/2018-jan-31/how-much-carbon-does-planets-vegetarion-hold.

Sudhir, K., Subroto Roy, e Mathew Cherian. "Do Sympathy Biases Induce Charitable Giving? The Effects of Advertising Content." Cowles Foundation for Research in Economics, Yale University, novembro de 2015. hnps://cowles.yale.edu/sites/default/files/files/pub/d 19/d1940.pdf.

Sullivan, Patricia. "Bus Ride Shook a Nation's Conscience." *Washington Post*, 25 de outubro de 2005. http://www.washingtonpost.com/wp-dyn/coment/article/2005 /1O/24/AR2005102402053.html.

"Super-Sizing the Chicken, 1923 – Present." United Poultry Concerns, 19 de fevereiro de 2015. www.upc-online.org/industry/150219_super-sizing_the_chicken.html.

Taagepera, Rein. "Size and Duration of Empires: Growth-Decline Curves, 600 B.C. to 600 A.D." *Social Science History* 3, nº 3-4 (1979): 115-38. https://doi.org/10.2307/1170959.

Thaler, Richard H., e Cass R. Sunstein. "Easy Does It: How to Make Lazy People Do the Right Thing." *New Republic,* abril de 2008. https://newrepublie.com/article/63355/easy-does-it.

"The Theft That Made the 'Mona Lisa' a Masterpiece." NPR, 30 de julho de 2011. https:// www.npr.org/2011/07/30/138800110/lthe-theft-that-made-the--mona-lisa-a-masterpiece.

Thompson, A. C. "Timeline: The Science and Politics of Global Warming." *Frontline.* PBS. Acessado em 24 de janeiro de 2019. https://www.pbs.org/wgbh/pages/frontline/hotpolitics/etc/cron.html.

Tillman, Barrett. *D-Day Encyclopedia: Everything You Want to Know About the Normandy Invasion.* Washington, D.C.: Regnery History, 2014.

Truth Initiative. "Why Are 72% of Smokers from Lower-Income Communities?" 24 de janeiro de 2018. https://truthinitiative.org/news/why-are-72-percent--smokers-lower-income-communities.

Union of Concerned Scientists. "How Do We Know That Humans Are the Major Cause of Global Warming?" 1 de agosto de 2017. https://www.ucsusa.org/global--warming/science-and-impacts/science/human-contribution-to-gw-faq.html.

United Nations. "Statement by His Excellency Dr. Fakhruddin Ahmed, Honorable Chief Adviser of the Government of the People's Republic of Bangladesh;' at the High-Level Event on Climate Change, United Nations, Nova York, 24 de setembro de 2007. http://www.un.org/webcast/climatechange/highlevel/2007 /pdfs/bangladesh-eng.pdf.

United Nations Department of Economic and Social Affairs, Population Division. "World Population Prospects: The 2017 Revision." Nova York: United Nations, 2017.

United States Bureau of Labor Statistics. "Employment Projections Program." Acessado em 30 de janeiro de 2019. https://www.bls.gov/emp/tables/employmem_by-major-industry-sector.htm.

United States Bureau of the Census. "Census of Agriculture, 1969 Volume II." Acessado em 30 de janeiro de 2019. http://usda.mannlib.comell.edu/usda/AgCensusImages/1969/02/03/1969-02_03.pdf.

United States Climate Change Science Program. "The Climate Change Research Initiative." 2003. Acessado em 24 de janeiro de 2019. https://data.globalchange.gov/assets/2a/42/f55760db8a810elfbaI2c67654dclccsp_strategic-plan-2003.pdf.

United States Department of Agriculture Economic Research Service. "Access to Affordable and Nutritious Food: Measuring and Understanding Food Deserts and Their Consequences." 2009.

United States Department of the Interior. "New Analysis Shows 2018 California Wildfires Emitted as Much Carbon Dioxide as an Entire Year's Worth of Electricity." 30 de novembro de 2018. https://www.doi.gov/pressreleases/new-analysis-shows-2018-california-wildfires-emitted_much_catbon-dioxide--entire-years.

United States Elections Project. "2014 November General Election Turnout Rates." Acessado em 30 de janeiro de 2019. www.eleceproject.org/2014g.

_____. "2016 November General Election Turnout Rates." Acessado em 30 de janeiro de 2019. www.electproject.org/2016g.

United States Energy Information Administration. "Chinese Coal-Fired Electricity Generation Expected to Flatten as Mix Shifts to Renewables." 27 de setembro de 2017. https://www.eia.gov/todayinenergy/detail.php?id==33092.

United States Environmental Protection Agency. "Climate Change Indicators: Atmospheric Concentrations of Greenhouse Gases." 23 de janeiro de 2017. https://www.epa.gov/climate-indicators/climate-change-indicators-atmospheric--concentrations-greenhouse-gases.

_____. "Earthrise – the Picture That Inspired the Environmental Movement." Science Wednesday, *EPA Blog*, 1 de julho de 2009. https://blog.epa.gov/2009/07/01/science-wednesday-Earthrise/.

_____. "Greenhouse Gas Biogenic Sources, 14.4: Enteric Fermentation – Greenhouse Gases, Supplement D." Chap. 44 in *Air Pollutant Emissions Factors*, 5th ed., vol. 1, fevereiro de 1998. https://www3.epa.gov/ttnchiellap42/chI4/final/cl4s04.pdf.

_____. "International Treaties and Cooperation About the Protection of the Stratospheric Ozone Layer." Acessado em 24 de janeiro de 2019. hnps://www.epa.gov/ozone-layer-protection/international-treaties-and-cooperation-about--protection-strarospheric-ozone.

_____. *Inventory of U.S. Greenhouse Gas Emissions and Sinks, 1990-2016*. https://www.epa.gov/ghgemissions/inventory-us-greenhouse-gas-emissions-and-sinks.

United States Holocaust Memorial Museum. "Children During the Holocaust." Acessado em 10 de março de 2019. https://encyclopedia.ushmm.org/comem/en/arcicle/children-during-the-holocaust.

BIBLIOGRAFIA

University of Illinois Extension. "Turkey Faces." Acessado em 30 de janeiro de 2019. https://extension.illinois.edu/turkey/turkeyfacts.cfm.

"US. Air Passengers' Main Trip Purposes in 2017, by Type." Statista. Acessado em 31 de janeiro de 2019. https://www.statista.com/staristics/5 39518/us-air-passengers-main-trip-purposes-by-type/.

Vidal, John. "Protect Nature for Worldwide Economic Security, Warns UN Biodiversity Chief." *Guardian*, 16 de agosto de 2010. https://www.theguardian.com/environment/2010/aug/16/nature-economic-security.

Virginia Museum of History and Culture. "Turning Point: World War II." Acessado em 24 de janeiro de 2019. https://www.virginiahistory.org/collections-and-resources/virginia-history-explorer/civil-rights-movement-virginia/turning-point.

Wade, Lizzie. "Tesla's Electric Cars Aren't as Green as You Might Think." *Wired*, 31 de março de 2016. https://www.wired.com/2016/03Iteslas-electric-cars-might-not-green-think/.

Wakabayashi, Daisuke, Erin Griffith, Amie Tsang, and Kate Conger. "Google Walkout: Employees Stage Protest Over Handling of Sexual Harassment." *New York Times*, 1 de novembro de 2018. https://www.nytimes.com/2018/11/01/technology/google-walkout-sexual-harassment.html?module=inline.

Wallace-Wells, David. "Could One Man Single-Handedly Ruin the Planet?" *New York*, 31 de outubro de 2018. nyrnag.com/imelligencer/2018/1O/bolsanaros-amazon-deforestation-accelerates-climate-change.html.

_____. "The Uninhabitable Earth, Annotated Edition." *New York*, 10 de *julho de* 2017. nymag.com/intelligencer/2017/07/climate-change-earch-too-hot-for-humans-annotared.html.

_____. *The Uninhabitable Earth: Life Alter Warming*. Nova York: Tim Duggan Books, 2019.

Walters, Daniel. "What's Their Beef? More and More Americans Are Becoming Vegetarians." *Transitions*. Acessado em 5 de fevereiro de 2019. hnps://www.whitworth.edu/Alumni/Transitions/Arcicles/Calling/TheyretheOtherWhiteMeat.htm.

Weisman, Alan. "Earth Without People." *Discover*, fevereiro de 2005. discovermagazine.com/2005/feb/earth-without-people.

Wilder, Emily. "Bees for Hire: California Almonds Become Migratory Colonies' Biggest Task." ... *& the West Blog*, Bill Lane Center for the American West, Stanford University, 17 de agosto de 2018. https://west.stanford.edu/news/blogs/and-the-west-blog/2018/bees-for-hire-california-almonds-now-are-migratory-colonies-biggest-task.

Williams, Casey. "These Photos Capture the Startling Effect of Shrinking Bee Populations." *Huffington Post*, 7 de abril de 2016. https://www.huffingtonpost.com/entry/humans-bees-china_us_570404b3e4b083f5c6092ba9.

Wilson, Michael. "His Body Was Behind the Wheel for a Week Before It Was Discovered. This Was His Life." *New York Times*, 23 de outubro de 2018. https://www.nytimes.com/2018/10/23/nyregion/man-found-dead-in-car-new-york.html.

Wise, Irvin L., e Lester M. Hall. Distorting contact lenses for animals. U.S. Patent 3,418,978, filed. 30 de novembro de 1966. https://patents.google.com/patent/US3418978?oq==patent:3418978.

Wise, Jeff. *Extreme Fear: The Science of Your Mind in Danger*. Nova York: Palgrave Macmillan, 2009.

Wolf, Julia, Ghassem Asrar, e Tristam West. "Revised Methane Emissions Factors and Spatially Distributed Annual Carbon Fluxes for Global Livestock." *Carbon Balance and Management* 12, nº 16 (2017). https://doi.org/10.1186/s13021-017-0084-y.

Worland, Justin. "Climate Change Used to Be a Bipartisan Issue. Here's What Changed." *Time*, 27 de julho de 2017. time.com/4874888/climate-change-politics-history/.

_____. "These Cities May Soon Be Uninhabitable Thanks to Climate Change." *Time*, 26 de outubro de 2015. time.com/4087092/climate-change-heat-wave/.

World Bank. *Turn Down the Heat: Climate Extremes, Regional Impacts, and the Case for Resilience: A Report for the World Bank by the Potsdam Institute for Climate Impact Research and Climate Analytics*. Washington, D.C.: World Bank, 2013. http://www.worldbank.org/content/dam/Worldbank/document/Full_Report_Vol_2_Turn_Down_The_Heat_%20Climate_Extremes_Regional_Impacts_CasejocResilience_Print%20version_FINAL.pdf.

_____. "World Bank Open Data." Acessado em 31 de janeiro de 2019. https://data.worldbank.orglcountry.

World Food Program. "World Hunger Again on the Rise, Driven by Conflict and Climate Change, New UN Report Shows." 15 de setembro de 2017. https://www.wfp.org/news/news-release/world-hunger-again-rise-driven-conflict-and-climate-change-new-un-report-says.

World Health Organization. "Climate Change and Human Health – Risks and Responses." 2003. https://www.who.im/globalchange/climate/summaty/en/index5.html.

_____. "Face Sheer: Suicide." 24 de agosto de 2018. https://www.who.im/news-room/fact-sheets/detail/suicide.

WorldSpaceFlight. "Astronaut/Cosmonaut Statistics." Acessado em 31 de janeiro de 2019. https://www.worldspaceflight.com/bios/stats.php.

World Wildlife Fund. "Forest Conversion." Acessado em 31 de janeiro de 2019. wwf.panda.org/our_work/forests/deforestation_causes/forescconversion/.

_____. "Wildlife in a Warming World: The Effects of Climate Change on Biodiversity." 2018. https://www.worldwildlife.org/publications/wildlife-in-a-warming-world-the-effects-of-climate-change-on-biodiversity.

Wynes, Seth, e Kimberly A. Nicholas. "The Climate Mitigation Gap: Education and Government Recommendations Miss the Most Effective Individual Actions." *Environmental Research Letters* 12 (2017), 074024. http://iopscience.iop.org/article/10.1088/1748-9326/aa7541/pdf.

Xerces Society for Invertebrate Conservation. "Bumblebee Conservation." Acessado em 30 de janeiro de 2019. https://xerces.org/bumblebees/.

Yaden, David B., Jonathan Iwry, Kelley Slack, Johannes E. Eichstaedt, Yukun Zhao, George Vaillant, e Andrew Newberg. "The Overview Effect: Awe and Self--Transcendent Experience in Space Flight." *Psychology of Consciousness: Theory, Research, and Practice* 3, nº 1 (2016): 1-11. https://doi.org/10.1037/cns0000086.

Zhao, Chuang, Bing Liu, Shilong Piao, Xuhui Wang, David B. Lobell, Yao Huang, Mengrian Huang, Yitong Yao, Simona Bassu, Philippe Ciais, Jean-Louis Durand, Joshua Elliott, Frank Ewert, Ivan A. Janssens, Tao Li, Erda Lin, Qiang Liu, Pierre Martre, Christoph Müller, Shushi Peng, Josep Penuelas, Alex C. Ruane, Daniel Wallach, Tao Wang, Donghai Wu, Zhuo Liu, Yan Zhu, Zaichun Zhu, e Senthold Asseng. "Temperature Increase Reduces Global Yields." *Proceedings of the National Academy of Sciences* 114 nº 35 (agosto de 2017): 9326-31. https://doi.org/10.1073/pnas.1701762114.

Ziegler, Jean. "Burning Food Crops to Produce Biofuels Is a *Crime* Against Humanity." *Guardian,* 26 de novembro de 2013. https://www.theguardian.com/global-development/poverty-matters/2013/nov/26/burning-food-crops-biofuels-crime-humanity.

Zijdeman, Richard, e Filipa Ribeira da Silva. "Life Expectancy at Birth." Clio Infra. Acessado em 30 janeiro de 2019. http://hdl.handle.net/10622/LKYT53.

Zimmer, Carl. "The Planet Has Seen Sudden Warming Before. It Wiped Out Almost Everything." *New York Times,* 7 de dezembro de 2018. https://www.nytimes.com/2018/12/07/science/climate-change-mass-extinction.html.

Zug, James. "Stolen: How the Mona Lisa Became the World's Most Famous Painting." *Smithsonian,* 15 de junho de 2011. https://www.smithsonianmag.com/arts-culture/stolen-how-the-mona-lisa-became-the-worlds-most-famous-painting-16406234/.

Zuidhof, M. J., B. L. Schneider, V. L. Carney, D. R. Korver, e F. E. Robinson. "Growth, Efficiency, and Yield of Commercial Broilers from 1957, 1978, and *2005."* *Poultry Science* 93 nº 12 (dezembro de 2014): 2970-82. https://doi.org/10.3382/ps.2014-04291.

Agradecimentos

Este livro começou com uma conversa que tive com Ev Williams em 2017. Logo depois, ele me apresentou a Abbey Banks. Os dois foram parceiros generosos em todo este processo e me ajudaram a acreditar que é possível fazer mudanças significativas.

Simone Friedman é, como teria dito minha avó, "uma força da natureza". Sua energia, sabedoria, ambição e otimismo põem até mesmo as visões mais idealistas ao alcance das mãos. O primeiro passo em direção a fazer as mudanças necessárias em nossas vidas é saber quais mudanças precisam ser feitas. Por causa do trabalho de Simone, junto com Manny Friedman e a EJF Philanthropies, a conexão de máxima importância entre a mudança climática e a agricultura para criação de animais finalmente está na consciência do público.

Contratei Tess Gunty como assistente de pesquisa, mas ela logo se tornou minha primeira leitora e, no fim das contas, minha colaboradora. Cada frase deste livro se beneficiou de sua capacidade reflexiva.

Não consigo pensar em nenhum outro assunto mais complexo e controverso do que a crise planetária e nossas escolhas alimentares. A checagem de fatos de Hunter Braithwaite foi indispensável.

AGRADECIMENTOS

Estive em contato com vários especialistas em mudança climática enquanto escrevia este livro. Sou muito grato por todo o tempo, todas as informações e todo o conhecimento que compartilharam comigo. Brent Kim, Raychel Santo e Jeff Anhang merecem atenção especial.

A editora Farrar, Straus and Giroux mais uma vez me lembra do quanto tenho sorte de ser escritor. Sou particularmente grato a Scott Auerbach, Jonathan Galassi, M.P. Klier, Spenser Lee, Jonathan Lippincott, Alex Merto, June Park, Julia Ringo e Jeff Seroy.

Este é um livro sobre lar tanto quanto qualquer outro dos assuntos em que toca. Nicole Aragi e Eric Chinski têm sido meu lar literário por quase vinte anos. Obrigado.

Impressão e Acabamento:
LIS GRÁFICA E EDITORA LTDA.